MenschHund!

... komm zurück!

ein Buch von
Ariane Ullrich

MenschHund!
Verlag

Bibliografische Information der Deutschen Bibliothek:
Die Deutsche Bibliothek verzeichnet diese Publikation in der
Deutschen Nationalbibliografie; detaillierte bibliografische Daten
sind im Internet über http://www.dnd.ddb.de abrufbar.

© MenschHund! Verlag, 2007
An den Wulzen 1
D–15806 Zossen
http://www.mensch-hund-lernen.de

Alle Rechte vorbehalten
Herstellung: Ariane Ullrich
Gestaltung / Layout: Cindy Koch, www.cindykoch.de
Fotos: Ariane Ullrich
Bilder: Heinz Grundel, www.heinz-grundel.de
Druck: AZ Druck- und Datentechnik

2. überarbeitete Auflage 2010
3. überarbeitete Auflage 2013

Inhaltsverzeichnis

Oberflächliche glauben an Glück und Zufall.
Tatkräftige glauben an Ursache und Wirkung.

Ralph Waldo Emerson (1803–1882)

1.
Warum?

Eine kurze Episode aus dem Leben der Elke Wolf (Autorin von »Ramses – 60 kg Glück und Chaos«):

»Ich gehe meine Morgenrunde mit meinen ›vorbildlich‹ erzogenen Hunden und treffe unterwegs auf ein Hindernis: eine Einfriedung mit vielen, sehr vielen Schafen ... Ach, wie idyllisch! Und der Schäfer steht an der Seite und stützt sich auf eine Stange. Ach ja ..., wie auf einer Postkarte. Ich stelle mich an den Rand und beobachte das friedlich anmutende Bild. Da kommt von der anderen Seite Frau Gneis mit ihrer Dackelhündin Annie daher. Frau Gneis blickt zu den Schafen, dann zum Dackel und ... hui ... ist der Dackel unter dem Zaun durch – mit 'nem satten Stromschlag als Starthilfe – und rast auch schon auf die Herde zu. Einige Schafe heben verwundert die Köpfe, ich auch. Frau Gneis kreischt: ›Annie ..., komm ... komm sofort hierher zu Frauchen ...!‹ Annie kennt ihren Auftrag und rast unterirdisch auf die Gruppe zu und ... hui ... mittendurch. Frau Gneis ruft, diesmal energischer und lauter: ›Annie ... kommst du wohl hierher ... Leeeeckerliiiiiii!‹ Annie scheint einen kurzfristigen Hörsturz zu haben.

Sie achtet nicht auf Frauchens Lockrufe. Nun geraten die vierbeinigen Rasenmäher in Aktion. Frau Gneis kreischt und pfeift, der Schäfer schaut ratlos, weil er Annie nicht sieht. Ich zwischendurch auch nicht. Annie bewegt sich knapp unter der Rasenkante. Die Schäflein spritzen auseinander. Frau Gneis fasst sich ein Herz und die Flexileine, setzt über den Zaun, vorbei am ratlosen Schäfer hinter Annie her. Jetzt sind die Schafe völlig verwirrt. Ist denn schon Schurzeit? Frau Gneis rudert wild mit den Armen; die Schafe rennen; Annie auch. Ein wildes Treiben beginnt. Annie hetzt die Wollträger, Frau Gneis hetzt Annie, der Schäfer kommt in Aktion und hetzt seinerseits nun Frau Gneis. Ob ich mich auch ins Geschehen mischen soll? Ich lasse es lieber und schaue zu. Nun zeigt sich folgendes Bild: Die Weide ist groß. Schafe rennen im Kreis, gefolgt von Annie, dann Frau Gneis, dann der Schäfer. Zuerst gibt der Schäfer auf. Er steht schwer atmend am Rand. Dann Frau Gneis. Dann die Schafe, sie bleiben dichtgedrängt in einer Ecke stehen. Dann kommt … Annie! Mit hängender Zunge bleibt sie in vorbildlicher Manier vor den erschöpften Schafen liegen. Prüfung bestanden! Frau Gneis ist alle und führt Annie vom Ort des Geschehens. Der Schäfer ist nach wie vor sprachlos und stützt sich wieder auf die Stange. Diesmal wohl außer Puste. Ich gehe dann mal weiter. Es wird langweilig … «

Ja, so in etwa kennen wir die Story, die sich auch in hundert anderen Varianten tagtäglich abspielt. Da ist die tolle Hundedame, ein bemerkenswert schnelles Auto, zwei hübsche Waden eines Fahrradfahrers, eine wirklich wichtige »Nachricht« am Ende des Zaunes und noch vieles mehr. Im besten Fall ist die Leine dran und man weiß, wie man sie festhalten muss. Im schlimmsten Fall ... na ja, malen Sie sich Ihr eigenes Horrorszenario aus! Ich gebe Ihnen da mal noch ein paar Stichworte vor: Jäger im Hochsitz, heranrasendes Auto, der aggressive Hund von gegenüber ...

Wer kennt nicht diese Scham und das heiße Gefühl im Gesicht, wenn man seinem Hund nur noch den altbekannten Satz »Der tut nix« hinterherrufen kann. Zu mehr reicht es gar nicht mehr und die Omi mit Dackel »Bubi« bekommt es sowieso nicht mit. Sie ist verzweifelt damit beschäftigt, das würgende und kreischende Etwas an ihrer Leine auf den schützenden Arm zu befördern.

Ein Hund, der in allen Lebenslagen kommt wenn man ihn ruft, unterstützt die Faulheit des Menschen ganz enorm. Schließlich kann er freilaufen und man braucht nicht ständig aufzupassen oder hinterherzurennen. Außerdem sammelt man Neidpunkte bei anderen Hundehaltern und Respektpunkte bei hundelosen Zuschauern. Alles, was sich ein Mensch nur wünschen kann.

Sicherlich wissen Sie bei Ihrem Hund ganz genau, dass es immer klappt ... es sei denn, da ist ein anderer Hund, ein netter Mensch, eine tolle Duftspur, ein Mauseloch oder, oder, oder ... Gerade dann aber ist der Wunsch am größten, dass der Hund auch wirklich kommen möge. Und nur zu oft ist dann leider keine Leine am Hund dran, mit der man ihn heranzerren könnte. Und wieder einmal schwört man sich, das endlich mal richtig zu trainieren, wenn man diesen Hund doch nur lebend wiederbekommt.

Das Kommsignal ist wohl so ziemlich das wichtigste Signal im Leben mit dem Hund. Wenn er kommt, wann immer man ihn ruft

Den Hund aus dem Mauseloch abzurufen wäre schon eine tolle Sache ...

und was immer er gerade tut, braucht man kaum ein anderes Signal. Ob der Hund sich gerade in Aas wälzen will, zur Omi mit Hund rennt, was Leckeres am Boden gefunden hat oder den Hundefeind vermöbeln will – alles lässt sich mit einem funktionierenden »Komm zurück!« verhindern. So anstrengend es ist, einen weggelaufenen Hund wiederzubekommen, so einfach ist es dagegen, von Welpenbeinen an ein vernünftiges und gut funktionierendes Kommen zu etablieren. Dennoch gilt der Spruch »Was Hänschen nicht lernt ...« weder in der Menschen- noch in der Hundewelt. Auch Hunde lernen noch im Alter von 10 und mehr Jahren Neues.

Gar nicht erst mit dem Üben anfangen, ist Angst vor dem Misserfolg. Völlig unnötig, denn was kann im schlimmsten Fall passieren? Dass er nicht kommt? Das konnte er vorher schon! Also packen Sie es an! Bieten Sie Ihrem erwachsenen Hund nochmal die Gelegenheit, seine ungenutzten Zellen im Hirn zu aktivieren. Oder üben Sie mit Ihrem Welpen vorbeugend für den Notfall. Das Kommen zu trainieren ist immer aktuell, immer wichtig und unter Anleitung mit viel Spaß für Hund und Mensch verbunden! Wenn Sie Glück haben, haben Sie die Möglichkeit, dies ganz von Anfang an ungestört zu üben. Im schlimmsten Fall sind Sie schon im ganzen Viertel wegen Ihres unerzogenen Hundes verrufen. Aber was soll's. Jedes Ziel ist nur vom individuellen Startpunkt aus zu erreichen.

Ihr Start ist jetzt hier. Machen Sie sich frei von allen bösen Gedanken bezüglich Ihres nichtkommenden Hundes. Jetzt geht es nur noch um den kommenden Hund!!!

2.
Das Übliche

Sehen wir uns mal die Entwicklung des »Ich höre nur, wenn ich will, und das ist nicht dann, wenn du meinst!« an:

Im zarten Welpenalter stiefelt Klein Fido noch voller Angst vor der großen, weiten Welt immer hinter Herrchen und Frauchen her. Er kann gar nicht genug aufpassen, dass diese nicht verschwinden. Schließlich sind sie die Einzigen, die man so halbwegs einschätzen kann! Das ist ganz natürlich so, denn der junge Hund könnte sich gegen die Gefahren des Lebens noch nicht behaupten. Junge, wehrlose Tiere würden anders nicht lange überleben.

Ein, zwei Monate später fangen die Dinge da draußen doch an, interessanter zu werden. Er lernt die Welt kennen und die Welt ihn. Schon wie das Blatt dort zur Erde segelt, muss genauer betrachtet werden. Und dieser Geruch überall! Gar nicht verständlich, dass Herrchen und Frauchen das nicht bemerken, geschweige denn untersuchen! Und überhaupt man ist ja schon soo groß, und langsam wächst der Mut. Da hört man als Hund tatsächlich oft nichts anderes mehr als die Maus leise kichern.

Nichts bleibt wie es war Ab jetzt beginnt der Ärger für den menschlichen Teil – lebten Herrchen und Frauchen doch bisher in dem Glauben, dass Fido ganz genau wisse, wann er zu kommen hat. Das hat ja bisher auch ausreichend gut funktioniert! Und jetzt will er nicht mehr, ist stur, bockig und überhaupt ganz nervig. Oder wie?

Er ist halt bisher mitgekommen, die Interessen von Mensch und Hund passten noch gut zueinander. Der Hund hat die Sicherheit vorgezogen, wollte vor allem in der Nähe des Menschen sein und schauen, ob dieser was Interessantes zu tun hat. Diese Zeit wäre die beste Gelegenheit gewesen, ihm das »Komm!«-Signal richtig beizubringen, aber das muss man erstmal wissen. Jetzt lernt er die Welt kennen und wird sich ein eigenes Bild von ihr machen. Herrchen und Frauchen sind da meist nur ein Hindernis, das es geschickt zu umgehen gilt. Es beginnt der Wettkampf der Dickköpfe, das Gegeneinander von

menschlichen und hündischen Interessen. Traurig und vermeidbar, aber nur zu oft wahr.

Einem Welpen das Kommen schmackhaft zu machen, ist nicht schwer, wenn ein paar Grundlagen stimmen.

Erfolgreiches Kommtraining beim Welpen schafft die Basis für ein sicheres Kommen, wenn der Welpe größer wird.

Und wenn es nicht schon beim Welpen angefangen hat, dann hat auch der erwachsene Hund viele Stolperlernfallen für den Menschen parat, in die dieser auch garantiert stürzt.

»Komm!« = Stress beim Menschen? Zieht Ihr Hund bei Ihrem »Kommst du wohl!« bereits den Kopf ein oder macht einen großen Bogen um Sie? Wahrscheinlich hat er schon gelernt, dass diese Worte Ärger ankündigen. Sie sind sauer, weil Ihr Hund nicht kommt. Und Ihr Hund kommt nicht, weil Sie sauer sind. Ein Teufelskreis, den nur Sie durchbrechen können! Solange Ihr Hund Ärger erwartet, wenn er sich Ihnen nähert, wäre es dumm von ihm, sich zu nähern. Und dumm sind Hunde (leider?) gar nicht.

»Komm!« = Da wird's interessant? Düst Rexi erst recht ab, wenn Sie aufgeregt rufen? Verknüpfen können Hunde sehr gut: Frauchen ruft = Wo ist der andere Hund??! Das passiert sehr schnell, wenn der Hund immer nur gerufen wird, wenn etwas für ihn Interessantes auftaucht und er davon abgehalten werden soll. Ein prima Signal zur Ankündigung von Spaß. Da könnten Sie genauso gut rufen: »Schau, da kommt ein Jogger, schnell, schnapp ihn dir!« Wenigstens würde er dann auf Sie hören ...

»Komm!« = War was?   Oder sind Sie eher das Rumpelstilzchen und fühlen sich vergackeiert von Ihrem Hund? Sie rufen und quietschen und hüpfen und alles dreht sich nach Ihnen um ... nur Ihr Hund nicht? Dann sollten Sie als Erstes testen lassen, ob Ihr Hund noch gut genug hört. Unerkannte Taubheit ist beim Hund nicht selten, und auch andere Hunde als Dalmatiner und weiße Boxer können davon betroffen sein. Es gibt Tests, mit denen man das prüfen kann. Gehen Sie zum Tierarzt, statt nur eigene Versuche zu machen. Bei Hunden, die nur auf einem Ohr taub sind, bemerkt man das oft nicht, da sie in geringer Entfernung und/oder bei günstiger Windrichtung eventuell gut hören. Alte Hunde können aufgrund Ihres Alters taub werden und erblinden. Mancher vermeintliche »Altersstarrsinn« ist schon auf diese Weise entlarvt worden. Auch blinde Hunde können Schwierigkeiten haben, auf Ihr Signal zu hören. Sie müssen sich auf ihr Gehör verlassen und alles Wichtige herausfiltern. Da kann ein einzelnes Signal schon mal untergehen. Oder der Hund kann Sie nicht orten, wenn Sie es nur ein einziges Mal gegeben haben und er nicht so schnell bemerkt hat, woher es kam. Wenn gar nichts hiervon auf Sie und Ihren Hund zutrifft und er trotzdem nicht kommt, wenn Sie ihn rufen, hat er vielleicht »einfach« nicht gelernt, was Sie von ihm wollen. Oder er hat es wieder verlernt.

»Komm!« = Hab jetzt keine Zeit! Im Übrigen gibt es natürlich auch noch andere Gründe, warum Ihr Hund nicht kommt, und die können schwer wiegen. Wenn beispielsweise Labbi Romeo den Rotti Heinz trifft, dann ist vorsichtiges Annähern gefragt. Beide müssen sehr behutsam und deutlich mit ihren kommunikativen Signalen umgehen. Jede überschnelle Reaktion, jedes Abwenden kann zu einem Missverständnis führen. Lassen Sie die beiden das gegenseitige »Abchecken« also möglichst zu Ende bringen, und versuchen Sie erst dann Ihren Hund zu rufen. Und wundern Sie sich nicht, wenn Romeo nur sehr langsam kommt, solange Heinz noch schaut. Diese Kommunikation ist für die Hunde wichtig und richtig und so viel Zeit muss sein!

Vorsichtiges Begrüßen und »Abtasten« zweier Hunde sollte nicht zu früh gestört werden.

Ihr Hund hat schon eine dieser Bedeutungen für Ihr Kommsignal? Dann starten Sie mit einem neuen Signal durch und trainieren Sie es diesmal (oder das erste Mal) sauber und durchdacht. Sie wollen, dass Ihr Hund auf Signal zu Ihnen kommt? Dann trainieren Sie auch so!

Ob »Komm her« für den Hund wirklich bedeutet, dass er sich zu Ihnen begeben soll, sehen Sie ganz einfach daran, ob er es tut.

3.
Überlegenswertes

Signal ist nicht gleich Signal   Welches Signal ist am tauglichsten? Signale sind unter anderem dann gut, wenn der Hund sie registriert. Und tatsächlich liegt das nicht ausschließlich am Training. Bei körperlich behinderten Hunden müssen die Signale an die Behinderung angepasst sein. Bei tauben Hunden kann ein Tastsignalgeber wie zum Beispiel ein Vibrationsempfänger sinnvoll sein, in Verbindung mit Sichtsignalen. Fühlt der Hund die Vibration, sucht er Blickkontakt zum Besitzer, um dann auf das gezeigte Signal – beispielsweise die seitlich weggestreckte Hand für das »Sitz!« – zu reagieren. Ansonsten sind Hörsignale wohl am sinnvollsten. Sie machen den Hund aufmerksam und geben gleichzeitig einen Hinweis auf die Richtung, aus der sie kommen. Ein verbales Signal sollte möglichst weit tragen und dementsprechend offene Vokale wie »a« »e« oder »i« enthalten. Hohe Laute werden besser wahrgenommen als dunkle Töne. Alarmzeichen sind immer hoch und nervend. Das Wort »Komm!« ist ein sehr tiefes und dumpfes Signal und deshalb nicht besonders geeignet. Bestenfalls kann man es zu einem »Komm her!« erweitern.

Besser ist da schon das »Hier!« oder »Hierher!« oder »Zu mir!«, es klingt hell und freundlich, trägt weit, und man kann es gut dehnen: »Hiiiiiiiiiiiiiiiiiiiiiiiiiiiiiiiiiiiiiiier!«

Es wird wärmer!   Neben diesem Signal für das erwünschte Verhalten ist ein weiteres Hörsignal sehr sinnvoll. Das »Mach weiter, du bist auf dem Weg, dir eine Belohnung zu verdienen!«-Signal. Immer wenn Ihr Hund sich anschickt, zu Ihnen zu kommen, nachdem Sie gerufen haben, können Sie ihn dabei anfeuern, damit er nicht vergisst, was er gerade tun wollte. Ja, auch Hunde sind vergesslich – und je jünger, desto abgelenkter. Mit diesem Signal, das beispielsweise ein fortwährendes »Jajajaja« sein könnte, halten Sie die Verbindung zu Ihrem Hund aufrecht und helfen ihm, schneller Verknüpfungen zu bilden.

Sollte Ihr Hund schon sehr gut nicht auf das bisherige Kommsignal hören, wählen Sie ein neues Signal und beginnen das Training von vorn. Auch ein Pfiff ist ein sehr gutes Kommsignal. Allerdings können Sie sich dieses auch für Ihr »Superkomm« (siehe Kapitel 8 »Schnell ist super«) aufheben. Wenn Sie sich für eine Pfeife entscheiden, verzichten Sie lieber auf die lautlose Hundepfeife, die es für viel Geld zu kaufen gibt. Wenn Sie die Pfeife nicht (bzw. nur leise) hören, ist die Wahrscheinlichkeit groß, dass Sie immer wieder in die Pfeife tröten (vor allem, wenn Carlo nicht sofort kommt) und Ihr Signal damit inkonsequent nutzen und es wirkungslos wird. Die Ohr-Auge-Koordination (Sie hören etwas und sehen eine Reaktion folgen) sollte schon stimmen. Benutzen Sie lieber eine hörbare Pfeife, die nicht tagtäglich von ihren Kindern missbraucht wird.

Der Vorteil einer Pfeife ist, dass sie für den Hund leicht zu erkennen ist und er schneller weiß, was verlangt wird. Die Stimme muss erst erkannt und das Wort verstanden werden.

Pfeifen gibt es viele. Suchen Sie sich eine, die möglichst selten vorkommt, damit Ihr Hund sie auch sofort erkennt.

Nachteil ist, dass man sie nicht vergessen darf. Auch die Art und Weise, wie Sie hineinpfeifen, kann wichtig sein. Viele kurze Töne nacheinander haben einen Alarmeffekt und werden vom Hund oft schneller und besser verknüpft, als wenn Sie nur einmal lang hineinpfeifen. Langfristig sind günstige Pfeifen oft sinnvoller, weil man von diesen in jeder Tasche und Schublade eine haben kann und so die Chance größer ist, sie im richtigen Moment auch zum Mund führen zu können.

Wann kommen? Komische Frage, oder? Und dennoch – überlegen Sie mal genau, wann Ihr Hund immer kommen soll. Wenn er angeleint werden soll, wenn er nichts fressen soll, wenn andere Hunde kommen, wenn man nach Hause gehen will, und, und, und. Alles Dinge, die für den Hund gar nicht toll sind. Er würde doch viel lieber fressen, was da liegt, mit den Hunden spielen, die da kommen, noch draußen bleiben usw. Wen wundert's, dass Hund sich fragt, warum er denn kommen sollte. Nicht kommen lohnt sich ja viel mehr. Achten Sie also vor allem darauf, dass Sie Ihren Hund regelmäßig auch dann rufen, wenn gar nichts los ist und ihn dann mit einem tollen Spiel belohnen bzw. ihn wieder losschicken zum Spielen mit anderen Hunden.

Heranrufen muss für den Hund immer toll sein, damit er im Zweifelsfall immer eher kommt, als wegbleibt. Aus diesem Grund wird der Hund auch nie bestraft, wenn er kommt. Egal, wie lange es gedauert hat und wie dick bis dahin die Adern auf Ihrer Stirn sind. Ihr Hund merkt ohnehin, dass Sie wütend sind, keine Sorge. Nehmen Sie den Hund höchstens an die Leine und gehen Sie kommentarlos weiter, aber vermeiden Sie negative Interaktion mit dem Hund.

Die Nähe des Halters darf nie bedrohlich für den Hund sein, wenn Sie wollen, dass er auch später noch freudig und schnell zu Ihnen kommt.

Wie kommen? Kennen Sie das? »Liiiisa, Hiiiiierheeer!« Lisa kommt angesaust, stoppt einen Meter vor Frauchen, kläfft diese an und springt wie wild um sie herum. Jede Faser ihres Körpers drückt Spiellaune aus und kein dargereichtes Leckerchen hilft, das kleine Monster zum Näherkommen zu bewegen, und Lidl macht gleich zu. Oder Tommy, der an der Leckerchen haltenden Hand vorbeisaust, das Leckerchen schnappt und wieder in den Tiefen des Waldes verschwindet. Zum Bäume ausrupfen!

Damit Ihnen das nicht (mehr) passiert, trainieren Sie das Herkommen von Anfang an so, dass Ihr Hund zuerst angefasst und festgehalten wird und er erst dann seine Belohnung in Form von Spiel, Futter oder Wieder-flitzen-dürfen bekommt. Er gewöhnt sich so daran, dass er festgehalten, aber dennoch belohnt wird. Das Festhalten ist damit nichts Schlimmes mehr für den Hund, vor allem wenn die Belohnung danach stimmt.

Vermeiden Sie unbedingt, hastig nach dem Hund zu grapschen. Sie erziehen sich sonst einen Flummi, der nach allen

Seiten wegspringt. Die Hand, die von oben kommt ist für viele Hunde schon die Ankündigung für rasches Zupacken. Und Hunde sind da wie Fliegen – man kann so schnell sein, wie man will, man bekommt sie nicht. Greifen Sie immer ruhig nach dem Hund und greifen Sie vor allem von der Seite oder von unten nach Geschirr oder Halsband.

Locken Sie Ihren Hund anfangs mit einem Leckerchen zu sich. Sobald er da ist, greifen Sie seitlich in Geschirr oder Halsband und geben ihm sein Leckerchen.

Die Hand von oben empfindet Brandon eher als bedrohlich. Weil Thomas' restliche Gestik und Mimik jedoch sehr nett ist, kommt er beschwichtigend näher.

Hunde können zwar lernen, dass Grabschen nichts Schlimmes ist, aber hier geht es erst mal darum, dass der Hund schnell kommt, und deshalb machen Sie es ihm anfangs so einfach wie möglich.

Leichtes Abwenden zur Seite, rückwärts laufen, Hand von unten, freundliches Reden und Hinhocken sind Verhaltensweisen, die den Hund dazu bringen können, schneller und auch noch zu Ihnen zu kommen. Körperhaltungen, die durch Größe, Vornüberbeugen, böses Gesicht und direktes Anstarren bedrohlich auf den Hund wirken, führen dazu, dass er langsamer oder gar nicht zu Ihnen kommt.

Wie belohnen?   Belohnung kann alles sein, was Ihr Hund mag. Sicherlich fallen Ihnen sehr viel mehr Dinge ein als Spielzeug und Futter. Die meisten Hunde mögen mindestens eines der folgenden Dinge:

> das Rennen mit ihren Leuten,
> mit anderen Hunden spielen,
> im Gras schnüffeln,
> Vögel scheuchen,
> Menschen, Futter oder Spielzeug suchen,
> hochspringen,
> arbeiten,
> am Boden herumgerollt werden,
> neben dem Fahrrad sprinten,
> in den Matsch springen (besonders im Herbst!),
> baden gehen,
> sich in Aas wälzen,
> Frauchen fünfmal quer übers Gesicht lecken
   (vor allem nach dem Schminken!).

Fast alle diese Dinge können Sie auch nutzen. Schließlich sind Sie nicht der Spielverderber für den Hund, sondern der Spielleiter. Sie geben die Spielregeln vor und dazu kann zum Beispiel gehören, dass Hund zuerst einmal herkommt, um dann loszusausen zu dürfen.

Die beste Belohnung ist immer das, was der Hund in diesem Moment sowieso tun wollte.

Nutzen Sie die Bedürfnisse des Hundes und zeigen Sie ihm, dass alles Gute über Sie läuft. Setzen Sie diese Belohnungsmöglichkeiten sehr bewusst ein und variieren Sie sie je nach Trainingsstand des Hundes. Wenn Sie mit dem Training anfangen, üben Sie ohne Ablenkung. Dann ist Belohnung direkt beim Menschen die sinnvollste Belohnung, um dem Hund die Nähe des Menschen schmackhaft zu machen. Das ist dann also Futter und vor allem Spiel und Bewegung bei und mit dem Menschen.

Nutzen, was da ist   Geht es jedoch um die Belohnung bei größerer Ablenkung ist häufig weder Spielzeug noch Futter das Mittel der Wahl. Hier können Sie die Ablenkung selbst als Belohnung einsetzen, um eine bessere Kontrollierbarkeit zu erreichen. Für den Hund ist es ein Übel, immer herkommen zu müssen, z. B. von den Freunden weggehen zu müssen, auch wenn man danach wieder hin darf. Aber es ist ein Muss, eine Regel, die der Hund lernt und die wir ihm deshalb so beibringen müssen, dass er sie einhalten kann. Am sinnvollsten geht das über die Gewöhnung daran, dass Kommen immer gut ist.

Zuerst ist Kommen immer schön   Wenn der Hund also ohne Ablenkung immer mit etwas belohnt wird, worüber er sich freut, ist das Herkommen nach einiger Zeit eine emotional sehr positive Angelegenheit für ihn geworden. Wenn Sie nun beginnen, ihn auch aus Ablenkungen heraus zu rufen und belohnen ihn dann mit erneutem Laufenlassen, wird ihn die Unterbrechung sehr viel weniger stören, als wenn Sie sofort beginnen, ihn aus den Ablenkungen heraus zu rufen.

Bauen Sie das Training so auf, dass eine positive Grundtendenz da ist, auf die Sie die Unannehmlichkeit des Unterbrechens besser aufsetzen können.

Ihr Hund wird dadurch sehr viel sicherer und freudiger kommen, auch wenn er dann nach dem Kommen nicht immer wieder gehen darf.

Je größer die Ablenkung ist, desto besser muss die Belohnung sein. Die beste Belohnung ist für den Hund das, was er im jeweiligen Moment tatsächlich will. Das ist also das Spielen mit den anderen

Hunden, das Aufscheuchen von Vögeln etc. Ist es etwas, was der Hund partout nicht haben darf wie Rehe scheuchen, Jogger zwicken und Ähnliches, dann bekommt er eben die in diesem Moment nächstbessere Belohnung. Je häufiger jedoch mit der Belohnung geübt wird, die der Hund haben möchte, desto weniger schlimm ist es, wenn er auch mal nicht bekommt, was er will.

Motivation und Erwartungen spielen beim Lernen eine der größten Rollen. Beherrscht man den Umgang damit, ist es nicht nötig »sein Leben lang mit Leckerchen in der Tasche herumzulaufen«. Halten Sie Ihre Emotionen so gut es geht im Zaum, vor allem wenn Sie zukünftig wirklich einen fliegenden Hund haben möchten. Ihren Ärger bekommt der Hund schnell

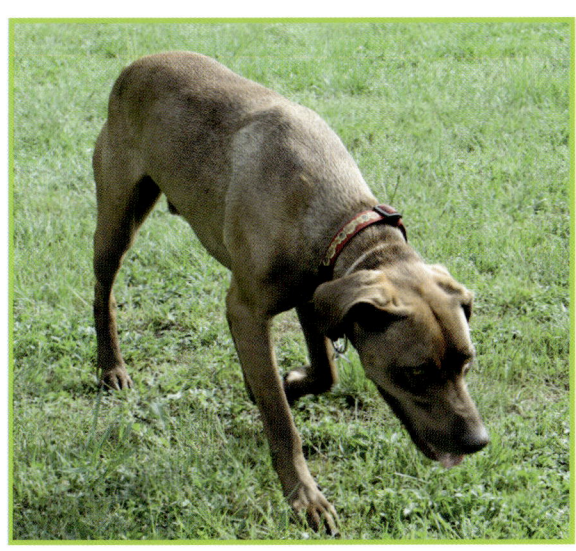

mit und es ist hundetypisch, wenn Hund dann langsam und vorsichtig kommen, um Sie wieder zu beruhigen.

Ein Leben lang belohnen? Wenn Sie über das Grundtraining hinaus sind, Ihr Hund also unter wenig Ablenkung gut kommt, beginnen Sie die Qualität der Belohnung zu variieren. Damit können Sie zum Einen die Qualität des Verhaltens verbessern. Zum Anderen ist das der erste Schritt zum Ausschleichen der Belohnung, also dem letztendlichen Weglassen. Vergüten Sie Qualität auch mit Qualität. Für ein besonders schönes und schnelles Kommen ist die Belohnung natürlich deutlich höher als für ein langsames »Ach manno«-Komm. Je mehr man sich anstrengt, desto mehr springt dabei raus. Das gilt auch für Ihren Hund. Wenn Ihr Hund immer dasselbe bekommt, egal wie gut oder schlecht er ist, dann braucht er sich insgesamt auch nicht mehr anzustrengen als nötig und kann noch dort mal schnell »Guten Tag!« sagen und hier was mitnehmen. Hunde sind da den Menschen ähnlicher, als uns lieb wäre.

**Am Ende des Trainings ist
diese Riesenpalette an Belohnungen nicht
mehr nötig. Während des Aufbaus
eines zuverlässigen Kommens aber
sehr wohl.**

Chemie im Kopf Lernen funktioniert vor allem dann, wenn etwas passiert, das besser ist als erwartet. In der Neurobiologie weiß man mittlerweile, dass schöne Dinge, die unerwartet geschehen, Neuronen (Nervenzellen) aktivieren, die wiederum veranlassen, dass Endorphine (Glückshormone) ausgeschüttet werden. Dadurch richtet sich die Aufmerksamkeit des Gehirns genau auf die auslösende Situation. Je mehr Aufmerksamkeit dieser gezollt wird, desto mehr Nervenzellen sind beteiligt und desto größer ist die Chance, dass die Information als wichtig abgespeichert wird. Je öfter dieser Vorgang nun noch wiederholt wird, desto eher landet diese Information auch im Langzeitgedächtnis. Andernfalls landet sie maximal im Kurzzeitgedächtnis, wenn sie nicht schon vorher verloren geht und ist spätestens am nächsten Tag nicht mehr abrufbar. Ihr Hund kann dafür gar nichts. Das sind einzig und allein die Chemie und die Physik im Kopf, die Sie beeinflussen müssen!

Übrigens lässt sich das nicht auf das Arbeiten mit Strafe übertragen. Strafen – wie Meckern, An-der-Leine-Rucken usw. – führen dazu, dass ein anderes System im Kopf angeschaltet wird, nämlich das Sicherheitssystem. Dieses achtet darauf, dass der Hund körperlich bereit ist, zu flüchten oder sich auf andere Weise der Situation zu entziehen, um nicht Schaden zu nehmen. Der Körper wird in einen Stresszustand versetzt,

was zu Unkonzentriertheit, Demut, Panik, vor allem aber Passivität führen kann. Die Speicherung der Informationen über das erwünschte Verhalten wird gehemmt und es wird nur die Emotion – nämlich Furcht – gespeichert, so dass der Hund in derselben Situation sich immer eher passiv, ängstlich verhalten wird. Strafe ist also überhaupt nur dann eine Überlegung wert (bitte wirklich gut überlegen, denn jede Situation ist sehr komplex!), wenn der Hund sich passiv verhalten soll.
Beim Kommen darf kein Hund passiv sein!

Ein Zeitfenster öffnen   Je höher der Trainingsstand, desto höher können Sie auch Ihre Anforderungen gestalten. Öffnen Sie beispielsweise ein Zeitfenster: Wenn der Hund bei mittlerer Ablenkung normalerweise innerhalb von 5 Sekunden kommt, liegt Ihr Zeitfenster bei 5 Sekunden. Manchmal wird er etwas schneller sein, manchmal etwas langsamer. Ist er also mal etwas schneller, steigt die Belohnungsqualität stark an. Er bekommt zum Beispiel Leberwurst statt Würstchen. Kommt er nach 5 Sekunden, bekommt er sein Würstchenstück, und kommt er etwas später, gibt es nur noch Trockenfutter. Sie werden sehen, dass Ihr Hund bald regelmäßig nach 3 Sekunden angesaust kommt, und Sie können dann Ihr Zeitfenster entsprechend verkleinern. Dasselbe geht auch mit der Laufgeschwindigkeit: Latscht der Hund gelangweilt zu Ihnen hin, gibt es nur minderwertige Belohnung, trabt oder galoppiert er, gibt es eine bessere Belohnung, und ›fliegt‹ er zu Ihnen, kommt der Jackpot! Zum Trainingsende hin wird auch hier die Belohnung wieder abgebaut, indem langsames Kommen nur noch verbal belohnt wird oder gar nicht und ein neuer Versuch ansteht.

Ihr Hund steht nicht auf Futter und Spielzeug? Haben Sie mal nachgeschaut, ob Ihr Hund noch lebt??? Wenn schon nicht spielen, so müssen doch alle Hunde fressen. Da das eine Voraussetzung für das Weiterleben ist, kann man auch herauskitzeln, dass er das angenehm findet. Ehrlich! Manchen Hunden ist nicht klar, dass Fressen etwas Besonderes, Sinnliches, Tolles ist. Warum das so ist, kann viele Gründe haben. Manchmal hat das Futter seine Wichtigkeit verloren, weil es ständig zur Verfügung steht. Manchmal schmeckt es schlicht und einfach nicht. Manchmal braucht ein Hund so wenig zum Überleben, dass man es kaum glauben mag (besonders wenn es draußen warm ist). Manche Hunde bekommen Futter aufgedrängt und haben dadurch eine Abwehrhaltung entwickelt. Vor allem, wenn es beim Training verwendet wird, das dem Hund nicht gefällt, weil zum Beispiel viel Zwang verwendet wird. Ja, auch so kann man Futter für den Hund schlechtmachen! Oder wenn es mit sehr vielen unangenehmen Ritualen verbunden ist, wie zwanzig Minuten davorsitzen, bevor man fressen darf, usw. Nicht zu vergessen sind Hunde, die tatsächlich krank sind. Der Tierarztcheck steht also vor allem anderen! Wenn einer der genannten Gründe auf Ihren Hund zutrifft, brauchen Sie diesen nur zu eliminieren und das Problem löst sich von selbst.

Trifft keiner der Gründe zu, beginnen Sie wie folgt:

Futter gibt es nur noch einmal am Tag aus dem Napf (oder auch überhaupt nicht). Machen Sie diese Fütterung zu etwas ganz Besonderem. Bereiten Sie sehr wenig Futter vor, lassen Sie Ihren Hund immer wieder zwischendurch daran schnuppern, aber ziehen Sie es weg, bevor er richtig was in die Nase bekommen kann. Stellen Sie es ihm später hin und lassen Sie ihn auffressen. Es sollte so wenig im Napf sein, dass er davon nicht satt sein kann. Das, was er mehr zum Überleben braucht, nutzen Sie draußen auf den Spaziergängen.

Achtung:
Sollte Ihr Hund beginnen zu knurren,
wenn Sie ihm den Napf wegziehen,
unterlassen Sie das sofort wieder.
Futter ist dann definitiv wichtig für ihn und
der Grund, warum er draußen nicht frisst,
ist ein anderer.

Halten Sie ihm draußen besonders gutes Futter – wie Käse, Würstchen, Bulette und Ähnliches – vor die Nase, wenn er gerade nicht abgelenkt ist. Ziehen Sie es dann etwas von ihm weg an sich ran. Gehen Sie dabei rückwärts. Lassen Sie Ihren Hund immer ein Stückchen rankommen und ihn denken, er bekäme es jetzt, während Sie es doch wieder wegziehen. Erst wenn Sie merken, dass er es unbedingt möchte, bekommt er ein kleines Stück und darf es fressen, während Sie mit dem nächsten Stück schon wieder schnell weggehen. Dehnen Sie das weiter aus, indem Sie Ihrem Hund das Futter immer länger vorenthalten, weiter von ihm weggehen. Geht er nicht hinterher, stecken Sie das Futter wieder ein und tun, als wäre nichts geschehen. Probieren Sie es ein andermal erneut. Stellen Sie sich vor, jedes Stück Futter wäre fünf Euro wert, und trennen Sie sich auch nur mit diesem Gedanken davon.

Zwischendurch können Sie das Futter auch mal in einem Mauseloch finden. Natürlich so, dass Ihr Hund das mitbekommt. Buddeln Sie mit staunenden Tönen im Loch, bis er kommt, achten Sie darauf, dass er sieht oder riecht, was Sie haben, und nehmen Sie es dann weg. Drehen Sie sich von Ihrem Hund weg und gehen Sie langsam weiter. Beim nächsten Mauseloch, wenn er schon etwas interessierter ist, testen Sie wieder, ob er nach dem Finden hinterherkommt und Sie vielleicht schon auffordert, es ihm zu zeigen. Das kann sein, indem er dicht herankommt oder deutlich schnüffelt. Lassen Sie sich noch etwas von ihm rückwärts »treiben« und geben Sie ihm dann ein kleines Stückchen des Futters ab. Über Tage oder Wochen hin lassen Sie sich immer länger drängen, bevor Sie winzige Stücke abgeben, und fördern so den Ehrgeiz des Hundes, das Futter haben zu wollen. Auf diese Art und Weise machen Sie das Futter wichtig, denn es ist etwas, dass Sie deutlich sichtbar nur ungern hergeben wollen und was es auch nur selten gibt.

Tipp am Rande:

Bei einigen Hunden reicht es, einmal eine Mahlzeit auszulassen. Wenn der Hund aber auch nach einem Tag ohne Futter nichts von Ihnen nehmen mag, ist das nicht der richtige Weg!

Auf ähnliche Weise können Sie Spielzeug zu etwas Besonderem machen. Suchen Sie sich ein Spielzeug aus, das nur Sie kontrollieren und an das Ihr Hund nicht herankommt. Entweder Sie tragen es immer bei sich oder Sie haben es in einem ganz bestimmten Schrank versteckt. Nehmen Sie es nun ein- bis zweimal am Tag heraus, spielen Sie damit kurz vor den Augen Ihres Hundes, erfreuen Sie sich daran und stecken Sie es dann wieder weg. Machen Sie viel Aufhebens darum, aber lassen Sie Ihren Hund die ersten Tage nicht daran. Schauen Sie ihn nicht an, sondern drehen Sie ihm eher noch den Rücken zu, um die Sicht zu versperren. Je neugieriger er wird, desto mehr verweigern Sie das Zusehen. Erst wenn Sie merken, dass er unbedingt mal mitspielen möchte, lassen Sie ihn ganz kurz daran riechen und tun es danach sofort wieder weg. Wiederholen Sie das einige Tage, bevor Sie ihren Hund auch mal ganz kurz damit spielen lassen. Aber nicht loslassen! Geben Sie das Spielzeug nicht aus der Hand! Und spielen Sie nur so kurz gemeinsam damit, dass Ihr Hund enttäuscht ist, wenn Sie es wieder wegstecken. Je interessierter er ist, desto öfter können Sie das Spielzeug gelegentlich herausholen und ihn kurz damit spielen lassen. Nun befinden Sie sich an dem Punkt, ab dem Sie es nur für befolgte Signale oder erwünschtes Verhalten herausholen.

Sie haben auf diese Weise bald einen Hund, der dieses Spielzeug ganz wunderbar findet und fast alles dafür tun würde, es zu bekommen. Das funktioniert gewöhnlich jedoch nur bei Hunden, die sich auch so ab und an mit Spielzeug motivieren lassen. Hunde – die aus welchem Grund auch immer – gar nicht mit Spielzeug spielen, wird man nur mit sehr großem Aufwand oder überhaupt nicht dazu bringen können. Bei ihnen konzentriert man sich besser auf das Schmackhaftmachen von Futter.

Manchmal muss man tief in die Trickkiste greifen, um eine Lösung zu finden.

4.
Während des Trainings

Natürlich leben wir nicht im leeren Raum. Auch wenn der Hund noch nicht perfekt auf Ihr »Hier!« reagiert, muss er ab und zu an die Leine genommen werden. Vermeiden Sie jedoch in diesen Momenten Ihr Training kaputtzumachen, indem Sie doch wieder die üblichen Fehler machen. Wenn Sie Ihren Hund doch mal anleinen müssen, reden Sie ihn kurz an, drehen sich um und entfernen sich von ihm. Sobald er sich zu Ihnen umdreht, feuern Sie ihn mit Ihrem »Mach weiter!«-Signal an, loben ihn über den grünen Klee und hocken sich hin oder laufen weiter rückwärts. Die meisten Hunde kommen dann hinterher. Sobald er nah genug ist, halten Sie ihm ein Leckerchen mit der einen Hand hin, ziehen diese Hand an Ihren Körper, wenn er näher kommt, und während er das Leckerchen aus der Hand frisst, greifen Sie mit der anderen Hand ruhig(!) von unten oder von der Seite an das Geschirr oder Halsband. Bei manchen Hunden ist es allerdings einfacher, ein paar Leckerchen an den Wegesrand zu werfen und den Hund anzuleinen, während er diese Leckerchen sucht.

Hat Ihr Hund wirklich große Probleme mit dem Herankommen und Angeleintwerden, dann darf er so lange nicht freilaufen, bis dieses Problem beseitigt ist. Das Training sollte in diesem Fall natürlich so intensiv wie möglich sein, um das Problem möglichst schnell zu lösen. Ist nur das Grapschen bzw. Anfassen problematisch, hilft es, dem Hund eine Hausleine anzuhängen, die er den ganzen Tag trägt.

Mit einer ca. 2 Meter langen Hausleine kann man den Hund festhalten, ohne ganz dicht an ihn heran zu müssen. Damit man die Leine irgendwann nicht mehr braucht, übt man nach dem Aufnehmen der Leine das Heranrufen.

Die Hausleine   Eine Hausleine ist eine ca. 2–3 Meter lange Schnur ohne Schlaufe, die am Geschirr/Halsband des Hundes befestigt ist und ihn nicht beeinträchtigt. Wenn Ihr Hund Probleme damit hat, sich anfassen zu lassen, können Sie die Leine zwei Meter neben ihm ruhig aufnehmen und haben ihn so sicher unter Kontrolle, ohne das Problem zu verschärfen.

Übung: Anfassen gehört dazu

1. Nehmen Sie das Ende der Leine auf und drehen Sie sich vom Hund weg.

2. Bieten Sie ihm ein Stück Futter an und gehen Sie vom Hund weg, soweit die Leine erlaubt.

3. Kommt Ihr Hund zu Ihnen, greifen Sie dabei immer weiter vorn an die Leine bis Sie am Geschirr sind und bieten ihm gleichzeitig das Futter zum Fressen.

4. Lassen Sie ihn nach dem Fressen sofort wieder los und gehen ein Stück weg bis Sie erneut beginnen.

5. Fassen Sie von Übung zu Übung immer weiter in die Nähe des Halsbands oder Geschirrs, bis Sie ohne Probleme dem Hund gleichzeitig Leckerchen geben können und ihn am Halsband greifen können.

**Hat Ihr Hund ernste Probleme
mit dem Anfassen,
muss die Gewöhnung daran
separat und mit professioneller Hilfe
aufgebaut werden.**

Auch bei Hunden, die nur auf einem Meter herankommen, wenn man sie ruft und schnell wieder weg sind, sobald man versucht, sie festzuhalten, ist die Hausleine Hilfsmittel Nummer 1. Nehmen Sie in diesem Fall das Ende der Hausleine beiläufig im Vorübergehen auf. Nun rufen Sie Ihren Hund zu sich und verhindern mit der Leine, dass er weiter weg läuft. Gehen Sie rückwärts und belohnen Sie ihn dicht an Ihrem Körper. Lassen Sie ihn danach so oft wie möglich wieder laufen.

Anleinen muss sein   Gehört Ihr Hund zu denen, die sich gern dem Angeleintwerden durch Drehen und Winden entziehen bis man sie loslassen muss, benutzen Sie ein Geschirr. Halten Sie den Hund so fest, dass er sich nicht auf den Rücken werfen kann. Sobald Ihr Hund aufhört, sich zu winden, lockern Sie sofort Ihren Griff, damit Ihr Hund auf allen Vieren steht. Loben Sie ihn ganz ruhig, wenn er stehen bleibt und sagen Sie nichts, solange er sich windet.

So kann das aussehen, wenn ein Hund das Herkommen zu »umgehen« versucht. Im Zweifelsfall ist der Hund immer schneller weg, als man nach ihm greifen kann. Schnelles Grabschen nach dem Hund trainiert die Schnelligkeit des Hundes.

Rufen mit Sinn   Läuft der Hund weg und wissen Sie, dass er auf Ihr Rufen nicht kommt, dann rufen Sie auch gar nicht erst! Er kommt ja ohnehin nicht, Sie werden sauer und er kommt darum erst recht nicht. Entweder verknüpft Ihr Hund das Signal dann mit negativen Emotionen oder er speichert es als eines von vielen Wörtern, die Sie ihm tagtäglich ins Ohr flüstern. Für das nächste Mal wissen Sie, dass Ihr Hund lieber an einer Leine gehen sollte.

Stecken Sie Ihr Mitleid in die Tasche. Ein Hund, der für 5 Wochen an der Leine gehen muss, ist immer noch besser als ein Blut-Knochen-Brei auf der Autobahn! Und natürlich fahren Sie zu seiner körperlichen Auslastung Fahrrad und lassen ihn auf umzäuntem Gelände mit seinen Kumpels spielen. Eine fünf bis acht Meter lange Flexileine bietet dem Hund ebenfalls jede Menge Freiraum und man kann dennoch üben. Alternativ dazu können Sie auch eine Schleppleine benutzen.

Die Schleppleine Eine Schleppleine ist eine 3–10 Meter lange Leine, die am Geschirr (!) des Hundes befestigt wird und beim »Komm!«-Training einzig dazu dient, den Hund festzuhalten, wenn er nicht auf das Signal reagiert. Sie ist dann sinnvoll, wenn man weiß, dass der Hund im Zweifelsfall nicht kommt und eine Gefährdung vom Hund ausgeht oder für den Hund vorhanden ist. Mit ihr hat der Hund etwas mehr Freiraum und man kann prima in Entfernung trainieren.

Statt panisch loszurennen, weil der Hund gleich jagen gehen will, können Sie einfach stehenbleiben und die Schlepplein festhalten.

Übung mit der Schleppleine:

1. Lassen Sie die Leine während des Spaziergangs auf dem Boden hinter dem Hund herschleifen.

2. Nehmen Sie zum Üben die Leine auf, ohne dass Ihr Hund es merkt. Dann geben Sie Ihr »Hier!«-Signal, bleiben stehen und warten ab.

3. Halten Sie die Leine fest und lassen Sie den Hund nicht weitergehen. Warten Sie, bis er sich umdreht oder die Leine lockert.

4. Dreht er sich zu Ihnen, dann loben Sie ihn und gehen ein paar Schritte rückwärts, damit er zu Ihnen kommt. Sammeln Sie die Leine dabei ein.

5. Schaut er sich nicht um, sondern setzt sich hin oder bleibt er an lockerer Leine stehen, dann rufen Sie ein weiteres Mal. Reagiert er immer noch nicht, dann warten Sie einfach weiter ab. Spielen Sie das »Wer hat den größeren Dickkopf«-Spiel und sitzen bzw. stehen Sie das aus. Irgendwann wird Ihr Hund merken, dass es nur dann weitergehen wird, wenn er zuvor auf Ihr Signal reagiert hat.

6. Ist Ihr Hund bei Ihnen, loben und belohnen Sie ihn. Bringen ihn dazu, Sie anzusehen. Erst dann darf er wieder gehen.

**Verhindern Sie, dass er wie ein Pferd
um Sie herum läuft, indem Sie
die Leine kürzer nehmen und ihm den Weg an
sich vorbei verstellen.**

Tipp am Rande:

Zählen Sie innerlich immer erst bis 3 bevor Sie wieder losgehen und er Sie angeschaut hat, damit Ihr Hund Zeit hat, wirklich zu verstehen, worum es geht.

Los geht's:

So, die Grundlagen haben Sie nun durchgelesen. Lesen Sie sie später noch einmal. Man kann es nicht oft genug gelesen haben. Sie wissen ja, optimales Lernen beinhaltet vor allem häufiges Wiederholen in verschiedenen Situationen! Lesen Sie also im Bad, im Wohnzimmer, während des Spazierengehens und am besten nochmal, kurz bevor Sie Ihren Hund rufen!

5.
Bevor es falsch läuft

Wenn Sie das Glück haben, noch gar keinen Welpen zu besitzen (noch ist es Glück!), dann haben Sie bereits die besten Chancen, Ihrem zukünftigen Welpen das perfekteste »Hier!« beizubringen, das überhaupt möglich ist Warum? Weil Sie sofort zusammen mit dem Züchter Ihres Welpen von dem Zeitpunkt an, an dem der junge Hund erstmals Futter vom Menschen bekommt, das Herkommen trainieren können.

Überlegen Sie sich ein Geräusch, das Ihr zukünftiger Hund möglichst in keinem anderen Zusammenhang hören wird. Das kann ein bestimmtes Trillern oder Quietschen mit dem Mund sein, ein Pfiff auf zwei Fingern, der Ton einer ganz bestimmten Pfeife oder einer Klingel, oder irgendein anderes ungewöhnliches Geräusch. Ungewöhnlich muss es sein, damit es für den Hund nachher wirklich immer nur eine Bedeutung hat und nicht zufällig durch Nachbarn, andere Hundehalter oder sonstige Umstände erzeugt wird und so für Ihren Hund möglicherweise unwichtig wird.

Ihr Züchter muss nun jedes Mal, wenn er das Welpenfutter hinstellt und Ihr Welpe zu fressen anfängt, pfeifen, trillern, quietschen oder was auch immer Sie sich für ein Geräusch ausgedacht haben. Viele Züchter verknüpfen oft unbewusst schon Geräusche mit dem Füttern, informieren aber ihre Käufer nicht darüber, die dadurch eine große Chance verlieren.

Durch das Verknüpfen des Geräuschs mit dem Füttern entsteht von Beginn an für den Welpen eine feste Verbindung im Kopf, die bei ständiger Wiederholung kaum zu löschen ist. Sie wird in der wichtigsten Prägephase des Welpen hergestellt. Was in dieser Phase gelernt wird, beeinflusst das ganze weitere Leben des Hundes. Wenn Sie diese Möglichkeit also noch haben, nutzen Sie sie unbedingt! Wenn der Züchter nicht mitmacht, suchen Sie sich lieber einen anderen Züchter, denn diese große Chance haben Sie später nicht wieder.

Wenn der Welpe da ist   Die allerjüngsten unserer vierbeinigen Freunde haben häufig noch gar keine Lust außer Haus zu gehen. Meist sitzen Sie an der Tür, starren verzweifelt ihren Leuten hinterher oder verziehen sich lieber wieder in ihre sichere Höhle. »Da raus? Das ist nicht euer Ernst, oder??« Das ist völlig normal und wird sich schneller legen, als Sie es sich wünschen. Erwachsene Hunde, die bei Sauwetter lieber drinnen bleiben, soll es ja tatsächlich geben. Glückliche Besitzer! Der kleine Welpe aber stört sich weniger an dem Wetter. Er kennt die Welt da draußen noch nicht, fürchtet sie und sieht keine Notwendigkeit, sie kennenzulernen. Es könnte Gefahr lauern. Und je kleiner und hilfloser man ist, desto vorsichtiger sollte man mit seinem Leben umgehen. Im Alter von etwa 3 bis ca. 7 Wochen sind die kleinen Wusel völlig unbeschwert, sich des Schutzes von Mama bewusst und erkunden, was es zu erkunden gibt. Aber dann nimmt die Vorsicht langsam zu. Mama kann nicht auf alles achten und je weiter man von Mama weg ist, desto gefährlicher ist die Welt. Klein-Maja wird unsicherer, was das Draußen angeht und setzt mehr auf die Sicherheit in der Höhle. In dieser Zeit kommen die Zwerge außerdem zu ihren neuen Besitzern, müssen sich also nochmal vollkommen neu orientieren, neue Menschen verstehen lernen und mit einer neuen Umwelt zurechtkommen. Da ist es nicht verwunderlich, wenn der Welpe sich erst einmal weigert, die sichere Wohnung zu verlassen. Andere Welpen wiederum haben damit gar kein Problem und scheinen keinerlei Angst vor dem Draußen zu haben. Da der vorsichtige Welpe aber dennoch raus muss, schon um zu lernen, wo das Pfützchen hingehört, machen Sie es sich leicht! Nehmen Sie Ihren Welpen auf den Arm und tragen Sie ihn die ersten Meter vom Haus weg. Sie brauchen ihn weder hinter sich herzuschleifen, noch mit Würstchen zu locken oder gar den Tierarzt zu rufen. Probieren Sie einfach jeden Tag wieder, ob er sich diesmal von selbst traut. Nehmen Sie ihn an die Leine und gehen Sie fröhlich und entschlossen los, um dann immer wieder neu erstaunt darüber stehenzubleiben, dass Ihr Kleiner oder Ihre Kleine gar nicht mitkommen möchte.

Wenn Sie versuchen, Ihren Hund zum Mitkommen zu überreden, indem Sie ihn mit Spielzeug oder Futter locken, passen Sie genau auf. Nicht nur »je oller, je doller« – auch die Winzlinge haben es faustdick hinter den Ohren! Wenn Ihr Hund nach acht Wochen immer noch im Türrahmen sitzt und wartet, bis Sie das Leckerchen hervorgezogen haben, um dann angaloppiert zu kommen, hat er Sie prima trainiert! Locken Sie ihn also, wenn überhaupt, nur zu Anfang ein paar Mal. Bei den nächsten Malen bekommt er Lob und Belohnung, wenn er zu Ihnen gekommen ist. Holen Sie das Leckerchen also erst dann aus der Tasche, wenn Ihr Hund da ist – oder zumindest auf dem Weg zu Ihnen ist.

Wenn Sie dann draußen sind, wenn Ihr Hund etwas aufgetaut und aufnahmebereit ist und wenn Sie neben der 24-Stunden-Sozialisierung Ihres Hundes noch eine Minute Zeit haben, können Sie mit ihm das Herkommen üben. Da der kleine Welpe gewöhnlich immer darauf aufpasst, nicht verlorenzugehen, können Sie es sich einfach machen. Gehen Sie weg von ihm und rufen Sie ihn freundlich, mit heller Stimme, wenn er ohnehin schon zu Ihnen kommt. Nur wenn der Hund das Signal für das Herkommen immer dann hört, wenn er auch gerade kommt, wird er verstehen lernen, dass dieses Signal mit dem

Kommen zu tun hat, und seine Aufmerksamkeit wird sich bei diesem Signal erhöhen.

**Geben Sie Ihr Signal immer
dann, wenn Ihr Welpe schon auf dem Weg
zu Ihnen ist.**

Wenn Sie dann noch jedes Mal etwas sehr Schönes für Ihren Hund haben, wird er das Signal als mögliche Ankündigung für eine Belohnung begreifen und erst recht gern kommen. Nutzen Sie jede Gelegenheit, das freiwillige Herankommen Ihres Hundes zu bestärken. Loben Sie ihn also immer dann, wenn er – aus welchem Grund auch immer – zu Ihnen kommt und geben Sie ihm kleine Leckerchen dafür. Stellen Sie diese Situationen, indem Sie Ihrem Welpen nicht Bescheid sagen, wenn Sie in einen anderen Weg einbiegen oder die Richtung wechseln. Gehen Sie einfach und beobachten Sie ihn. Kommt er dann hinterher geschossen, hat er zwei Dinge gelernt:

1. Es lohnt sich immer, zu Ihnen zu kommen.

2. Wenn er nicht aufpasst, könnten er Sie verlieren.

Dadurch wird es für Ihren Welpen immer wichtig sein, in Ihrer Nähe zu bleiben.

Tipp am Rande:

Nehmen Sie das Futter zur Belohnung unterwegs mit, dass Ihr Welpe sonst aus dem Napf bekommen würde. So wird er nicht durch unnötig viel Futter dick und muss für sein Gehalt arbeiten wie wir.

Übung: Kommspiele für Zuhause

1. Lassen Sie jedes Familienmitglied mit Spielzeug oder Futter in einem anderen Zimmer oder einer anderen Gartenecke hocken und der Reihenfolge nach den Hund rufen.

2. Alle anderen sind still und stecken die Belohnung weg. Sobald der Hund da ist, spielen oder füttern Sie ihn 10 Sekunden lang (mit sehr kleinen Leckerlies).

3. Stecken Sie dann Futter oder Spielzeug weg und beachten Sie ihn nicht mehr, sobald der nächste ruft.

Auch für draußen ist das ein tolles Familienspiel und jeder kann versuchen, den anderen zu übertrumpfen. Bei wem kommt der Hund wohl am schnellsten? Tauschen Sie Ihre Belohnungen auch einmal aus.

Wenn der Hund Sie ganz für sich allein hat, spielen Sie das Spiel in abgewandelter Form. Lassen Sie Ihren Welpen ein paar Stückchen Futter am Fußboden suchen und gehen Sie schnell in ein anderes Zimmer. Wenn Sie sehen, dass er aufgefressen hat, rufen Sie ihn mit heller, freundlicher Stimme und warten Sie ab, bis er Sie gefunden hat. Werfen Sie ihm dann wieder Futterstückchen auf den Boden und wiederholen Sie das Spiel. Daraus lässt sich ein lustiges Versteckspiel machen.

Achten Sie beim Üben auf die im weiteren Verlauf dieses Buches beschriebenen Bedingungen, Tricks und Tipps.

3 kleine Tipps:

Tipp 1 Tauschen Sie die Belohnungen und testen Sie verschiedene Stimmlagen und Körperbewegungen und auch Orte, an denen Sie üben.

Tipp 2 Belohnen Sie Ihren Welpen immer(!), wenn er von allein zu Ihnen kommt.

Tipp 3 Wechseln Sie öfter mal die Richtung und belohnen Sie Ihren Welpen dafür, dass er es bemerkt hat.

6.
Der Start

Beginnen Sie am besten ganz am Anfang! Auch wenn Sie einen Hund haben, der leidlich gut kommt und Sie denken, dass er es eigentlich schon kann. Sie haben dieses Buch gekauft, und dafür hatten Sie einen Grund. Nutzen Sie die Vorschläge nun und bauen Sie lieber alles nochmal neu und richtig auf, als auf eventuellen Fehlverknüpfungen basierend erneut falsches Verhalten zu trainieren.

Zum Halter gehen lohnt sich immer! Ab heute haben Sie bei jedem Spaziergang gutes und weniger gutes Futter dabei oder ein besonders beliebtes Spielzeug. Außerdem die Leine des Hundes. Denn ab heute bekommt Ihr Hund jedes Mal, wenn er von ganz allein bei Ihnen vorbeikommt (mit oder ohne Leine), ein Lob und ein Leckerchen oder ein kurzes Spielangebot. Beobachten Sie mal, in welchen Gegenden Ihr Hund häufiger kommt und wo er eher selten kommt. Dann haben Sie schon eine Unterteilung der Gebiete in solche mit wenig bis hoher Ablenkung. Nach einer Woche sollte Ihr Hund bei gleichbleibender Ablenkung schon deutlich häufiger bei Ihnen vorbeischauen. Und das alles ganz ohne Kommando!

Führen Sie diese Übung immer dann fort, wenn Ihr Hund selten vorbeikommt oder zu Ihnen schaut oder die Ablenkung sehr groß ist. Klebt Ihr Hund nur noch an Ihnen und sabbert Ihnen die Hosen voll, reduzieren Sie die Häufigkeit dieser Übung.

Nun geht es daran, ein neues Signal einzuführen, die Ablenkungen zu steigern und Spaß zu haben. Folgende Übungen können Sie nach Belieben in Ihren Alltag einbauen. Sie helfen Ihrem Hund zu verstehen, welches Signal welches Verhalten auslösen soll und steigert den Schwierigkeitsgrad in kleinen erreichbaren Schritten.

Achten Sie IMMER darauf, dass Sie beide Freude am Training haben.

Aufmerksamkeit   Damit Ihr Hund Sie hört, wenn Sie was sagen und bestenfalls auch richtig reagiert, müssen ein paar seiner Gehirnzellen in Hörbereitschaft sein. Die Aufmerksamkeit muss also da sein. Gerade weil man den Hund in aller Regel draußen ruft, wo viele andere Hunde herumrennen, benutzen die meisten Hundehalter den Namen ihres Hundes, bevor sie das Signal hinterher schmettern. Der Namen Ihres Hundes kann daher gleichfalls als Aufmerksamkeitssignal aufgebaut werden.

Übung: Mein schöner Name

1. Legen Sie mindestens 10 Leckerchen bereit und beginnen Sie in ablenkungsarmer Umgebung.

2. Sagen Sie den Namen Ihres Hund und schieben Sie ihm sofort ein Leckerchen in die Schnauze, egal, was er tut.

3. Wiederholen Sie das, bis Ihre Leckerchen alle sind an verschiedenen Tagen.

4. Sagen Sie nun den Namen des Hundes und warten Sie ab, ob sich Ihr Hund zu Ihnen wendet. Belohnen Sie ihn, wenn er es tut.

5. Wiederholen Sie diese Übung nun auch in Situationen mit mehr Ablenkung und wenden Sie den Namen bewusst an, um die Aufmerksamkeit Ihres Hundes zu erhalten.

Jetzt haben Sie endlich auch eine Möglichkeit geschaffen, dass Ihr Hund Sie mal ansieht. Das hat große Vorteile, denn ein Hund, der Sie ansieht, sieht auch, dass Sie ein Signal mit dem Mund formulieren und die Chance steigt, dass er tut, was er soll.

Übung: Kommen an kurzer Leine

1. Halten Sie die Leine Ihres Hundes fest und gehen Sie so weit weg, wie diese es erlaubt.

2. Sprechen Sie Ihren Hund dann mit seinem Namen freundlich an und wenden Sie sich gleichzeitig seitlich von ihm ab. Die frontale Körperhaltung hemmt den Hund eher, zu Ihnen zu kommen, und wir wollen es ihm anfangs so leicht wie möglich machen.

3. Sobald der Hund sich zu Ihnen bewegt, geben Sie Ihr neues Signal zum Herkommen und loben sein Herankommen mit freundlichen wiederkehrenden Worten wie »Ja-Ja-Ja«.

4. Geben Sie Ihrem Hund ein Leckerchen dicht an (am besten zwischen) Ihren Beinen und fassen Sie gleichzeitig mit der anderen Hand an sein Halsband oder Geschirr.

5. Lassen Sie ihn nach dem Fressen sofort wieder los und entfernen Sie sich wieder von ihm. Üben Sie das täglich, bis Ihr Hund freudig und sicher sofort zu Ihnen kommt. Wenn es an der kurzen Leine problemlos funktioniert, trainieren Sie auch an einer z. B. 10 Meter langen Leine.

**Achten Sie unbedingt darauf, dass Sie
das »Zu mir!« immer erst dann sagen, wenn
Sie sich sicher sind, dass Ihr Hund auch in
Ihre Richtung kommen wird.**

Für Sie gilt ab sofort: Zahlen Sie 10 Euro in die Hundekasse, wenn Sie das Signal sagen und Ihr Hund NICHT kommt. Der Grund dafür: Ihr Hund kann das Signal mit seinem Verhalten nur dann verknüpfen, wenn es während des Trainingsaufbaus immer dann ertönt, wenn er das Verhalten auch ausführt. Er lernt sonst einfach nicht, dass »Hier!« bedeutet, dass er seinen Hintern in Bewegung setzen muss bis er bei Ihnen ist. Erst wenn der Hund das Signal mit dem Verhalten verknüpft hat, drehen wir den Spieß um und geben das Signal, DAMIT Ihr Hund etwas tut und nicht, wie zuvor, WENN er es tut.

**Und nochmal, weil es wichtig ist:
Anfangs geben Sie das Signal,
WENN Ihr Hund das erwünschte Verhalten
zeigt, damit er lernt, dass das Wort
mit seinem Verhalten zusammenhängt. Dann
geben wir das Signal, wenn wir
relativ sicher sind, dass es das Kommen
auslöst, Ihr Hund also hinhört, versteht
und kommt.**

Wenden Sie sich vom Hund ab, damit er Ihnen folgt und lassen Sie die Leine immer locker.

An der kurzen Leine sollte das Kommen nun schon gut funktionieren. Ihr Hund hat gelernt, dass Kommen sich lohnt und sowieso nichts Besseres los ist. Bis jetzt sollten Sie das Signal noch nicht anwenden, wenn die Gefahr groß ist, dass er nicht folgt, zum Beispiel, weil er wohl nicht für ein Leckerchen von der tollen Hündin weg will. Geraten Sie in eine solche Situation, können Sie versuchen, ihn mit einem Stück Futter direkt vor seiner Nase wegzulocken. Klappt das auch nicht, nehmen Sie ihn einfach ruhig am Geschirr mit, ohne Geschimpfe und Gezerre. Sie üben nun erst einmal in größerer Entfernung, dann bauen Sie weitere Ablenkung ein und dann sehen wir weiter. Also los:

Die »Weit-Weg« Übung

1. Lassen Sie Ihren Hund von einer Hilfsperson festhalten und entfernen Sie sich schnellen Schrittes, nachdem Sie ihm die leckeren Käsestückchen oder sein Spielzeug vor die Nase gehalten haben.

2. In 20 Metern Entfernung hocken Sie sich auf den Boden und rufen Ihren Hund mit Ihrem Kommsignal, wenn er schon in Ihre Richtung giert. Ansonsten machen Sie ihn erst wieder mit seinem Namen aufmerksam.

3. Die Hilfsperson lässt Ihren Hund los und Sie müssen einen fliegenden Hund sehen. Feuern Sie ihn richtig an und spielen Sie mit Ihrem Hund mehrere Sekunden. Wenn Sie mit Futter belohnen, können Sie eine Handvoll Futter auch um sich herum verstreuen und das letzte (noch leckerere Futterstück) erhält er bei Ihnen, sobald er alles abgesucht hat.

4. Sollte Ihr Hund bei dieser Übung sehr langsam oder unsicher kommen, stehen Sie auf, rufen noch einmal und laufen von ihm weg. Rennt er Ihnen dann immer noch nicht hinterher, haben Sie die Übung an kurzer Leine noch nicht zur Genüge ausgeschöpft oder üben schon unter zu großer Ablenkung. (Neben der Hundewiese wird erst im letzten Teil des Trainings geübt!)

Belohnen Sie mit einem Spielzeug an der Schnur, mit dem sie beide ausgelassen spielen können, der Hund aber dennoch in Ihrer Nähe ist. Spielzeug erhöht die Geschwindigkeit eher als Futter zur Belohnung (Ausnahmen bestätigen die Regel).

Nena »fliegt« vor allem auf Roberts »flüchtendes« Spielzeug.

Der nächste Schwierigkeitsgrad wird eingebaut. Ihr Hund muss nun lernen, sich auf Ihr Signal zu konzentrieren und gezielt nach Ihnen zu suchen, wenn er Sie finden will. Hier spielt natürlich auch die Verlustangst des Hundes eine Rolle. Je abhängiger er von Ihnen ist bzw. sich fühlt und je unsicherer er allein ist, desto intensiver wird er Sie suchen und desto besser wird er darauf achten, Sie nicht wieder zu verlieren. Wenn Sie befürchten, dass Ihr Hund weglaufen könnte, sobald Sie ihn nicht mehr sehen können (weil gerade dann ein Reh die Spur kreuzt), lassen Sie sich von einer Hilfsperson helfen.

Übung: Wo bist du?

1. Üben Sie mit Ihrem Hund, wenn er nicht freilaufen kann, in einem abgezäunten Gelände oder an der langen Schleppleine.

2. Sobald Ihr Hund gerade mal nicht auf Sie achtet, stellen Sie sich hinter einen Baum. Entweder mit Schlepplei-  ne in der Hand oder einer Hilfsperson, die Ihren Hund an der Schleppleine führt. Beobachten Sie ihn genau.

3. Sobald er beginnt zu suchen, folgt die Hilfsperson Ihren Hund, lässt die Leine locker und ist einfach nur »Hundehalter«.

4. Wenn Ihr Hund Sie gefunden hat, freuen Sie sich ein Loch in den Bauch und spielen ordentlich mit ihm.

5. Sie können diese Übung erschweren, indem die Hilfsperson Ihren Hund ablenkt, so dass dieser nicht sehen kann, wo Sie sich verstecken.

Bleiben Sie dran, auch wenn der Hund sich anfangs nicht für Ihr Weggehen interessiert. Wenn er nicht gerade täglich mit Fremden unterwegs ist, wird er irgendwann merken, dass Sie nicht mehr da sind und nach Ihnen suchen. Warten Sie einfach ruhig ab. Und machen Sie es ihm nicht zu leicht. Stellen Sie sich nicht nur 5 m weit weg hinter den ersten Baum von links, sondern gehen Sie auch mal weiter in den Wald und trauen Sie Ihrem Hund was zu! Gerade Jagdhunde heben oft nur die Nase in den Wind und wissen hinter welchem Baum Sie stehen. Sie kommen dann nicht extra noch kucken. Da das Ganze aber auch ein lustiges Spiel sein kann, können alle Hunde früher oder später lernen, dass die Regel lautet: bis zum Menschen gehen und sich dort feiern lassen.

Fliegende Hunde bekommt man mit der richtigen Körpersprache. Wenn Franka hockt und in die Hände klatscht, kommt Ronja angesaust.

Mehr Ablenkung Das Herkommen sollte nun ohne große Ablenkung an einer bis zu 10 Meter langen Leine bzw. ohne Leine sehr gut funktionieren. Nun müssen Sie sich weiterwagen und werden auch mal in Situationen geraten, die Sie vielleicht falsch einschätzen und in denen Ihr Hund nicht kommt, obwohl Sie fest damit gerechnet haben. Man hat die Umwelt leider nicht immer so im Griff, wie man es gerne hätte.

Was also tun, wenn der Hund an der Leine auf Ihr »Zu mir!« eben nicht zu Ihnen kommt, sondern anderswohin laufen will? Fällt Ihnen dabei etwas auf? Genau! Ihr Hund kann gar nicht woanders hin, solange die Leine dran ist. Hier zeigt sich die große Nützlichkeit dieser Erfindung. Aber wie bei allen Erfindungen kann man auch damit Missbrauch betreiben. Sie haben mit der Leine die einmalige Möglichkeit, Ihrem Hund klarzumachen, dass seine einzige Chance, Erfolg zu haben darüber läuft, auf Ihre Worte zu hören. Zerstören Sie diese Möglichkeit nicht, indem Sie Ihren Hund mit der Leine an sich heranzerren, herumrucken oder sonstige »Nähe des Menschen ist doof«-Übungen veranstalten.

Gehören Sie zu den Leuten, die wenig üben und viel erreichen wollen? Dann halten Sie die Leine einfach fest (Tauziehen machen Sie dann wieder auf dem nächsten Sportfest.) Wenn Sie ihn zu sich zerren und dadurch Ihr Signal »durchsetzen« wollen, wird Ihr Hund schnell lernen, dass er an der Leine keine

Chance hat, nicht zu hören. Der Zug an der Leine wird zum auslösenden Signal. Wollen Sie aber, dass er auch im Freilauf zu Ihnen kommt, fehlt Ihnen dann das Leinensignal, Ihr Hund merkt, dass er sich auch anders entscheiden kann und Sie stehen dumm da. Verlieren Sie also nie Ihr Trainingsziel aus den Augen!

Übung: Das Dickkopf-Spiel

1. Sie befinden sich in einer Situation, in der Sie Ihren Hund gerufen haben, dieser aber nicht auf Sie achtet, weil es vorn viel interessanter ist.

2. Halten Sie die Leine fest, wenn er weitergehen möchte und lockern Sie sie sobald es möglich ist. Erstes Ziel: Sie stehen mit Hund an lockerer Leine.

3. Warten Sie ab, bis Sie anhand der Körpersprache Ihres Hundes merken, dass ein paar für Aufmerksamkeit zuständige Gehirnzellen frei werden. Achten Sie auf Ohrenhaltung, Körperspannung, Rutenhaltung und die lockere Leine. Vielleicht setzt er sich auch einfach hin.

4. Geben Sie dann das Signal erneut und warten ab. Belohnen Sie, wenn Ihr Hund reagiert und warten Sie weiter, wenn er nicht reagiert. Sammeln Sie jedes Stück Leine ein, dass Sie bekommen können, wenn Ihr Hund in Ihre Richtung kommt, ohne ihn jedoch zu ziehen.

5. Sobald er merkt, dass er nur in eine Richtung kann, nämlich zu Ihnen, geben Sie das Signal erneut und belohnen Sie, wie Sie es für richtig halten.

Wenn Sie die Leine festhalten, kommt der Hund nicht dahin, wo er hinmöchte. Das wird er irgendwann einsehen. Sobald er das bemerkt, muss er sich eine Alternative ausdenken. Die bieten wir ihm, durch ein erneutes Signal. Vor allem an der Ohrenstellung können Sie sehen, dass Ihr Hund das bemerkt. Die Ohren drehen sich in Ihre Richtung oder werden (bei Schlappohren) nach ›hinten geschoben‹. Oft senkt sich der Rutenansatz und der Hund steht nicht mehr ganz so gespannt nach vorn gerichtet.

Ohren nach vorn, Körperschwerpunkt ebenfalls. Wenn der Hund nicht auf Ihr Signal reagiert, hilft nur abzuwarten.

Manche Hunde schauen sich um, um zu fragen, wie es weitergeht. Jetzt ist der beste Zeitpunkt, das Signal erneut zu geben.

Bei anderen muss man genau auf die Stellung der Ohren achten. Aufmerksam nach vorn gerichtet.

Die nach hinten gerichteten Ohren zeigen uns, dass der Hund jetzt hört, was hinter ihm geschieht.

Denken Sie immer daran, dass Sie ohne Leine gar keine Chance hätten, etwas zu tun. Dann lässt es sich besser aushalten, einfach abzuwarten. Für Ihren Hund ist das in etwa so, als würde er sich freiwillig irgendwann entscheiden, zu Ihnen zu kommen. Dass er natürlich eigentlich keine Wahl hat, spielt keine Rolle, führt aber dazu, dass Ihr Hund immer früher »entscheidet«, zu gehorchen.

**Das Signal kündigt nicht nur an,
dass er bei Ihnen die Chance auf einen Erfolg
hat. Es kündigt auch an, dass er
woanders auf keinen Fall Erfolg haben wird!**

Die vorige Übung ist sehr wichtig, um Sie in Geduld und Beobachtungsgabe zu schulen, und um Ihrem Hund die Zeit zu geben, zu verstehen, was geschieht. Wenn Sie ständig rufen und auf ihn einwirken, kann er gar nicht selbst denken und begreifen, welche Konsequenzen sein Verhalten hat und was er selbst tun kann. Wenn Ihr Ziel ist, dass Ihr Hund bewusst mit Ihnen zusammenarbeitet, dann lassen Sie diese Übung nicht aus.

Tipp am Rande:

Solange Ihr Hund nur an der Leine gehen darf, achten Sie unbedingt darauf, dass er genügend Bewegung bekommt. Fahrrad fahren, Joggen, Spielen in der Hundeschule sind hier nötig, damit Ihr Hund nicht nur von Ihnen weg will.

Kopfarbeit ist wichtig und richtig und gut, aber wer sich nicht körperlich austoben kann, wird unleidlich, nölig und quengelig. Jeder Hundebesitzer, dessen Hund in eine Scherbe getreten ist und nun ewig einen Verband tragen muss, wird das bestätigen. Deshalb ist für das weiterführende Training die nächste Übung sehr hilfreich. Denn wenn man keine 3 Stunden Zeit hat, zu warten, kann eine Verschärfung der Konsequenz inklusive dem Gedankenanstoß für den Hund, sein Verhalten zu ändern, sinnvoll sein.

Oh, ich höre die Aufschreie: »Jeder sagt doch, dass man seinen Hund nicht heranziehen soll, und auch wenn er verspätet kommt, darf man nicht meckern, treten oder ihn gar ins Tierheim bringen!!!« Richtig! Soll man auch nicht. Und jeder, der dieses Buch liest, wird doch wohl hoffentlich auch die mittlerweile sehr guten Bücher zur Lerntheorie gelesen haben?! Die Anwendung von Strafe (mit dem Ziel einer Verminderung des davor gezeigten Verhaltens) sollte nur nach bestimmten Regeln, mit Nebenwirkungsgefahr und in speziellen Situationen eingesetzt werden. Aber das Leben besteht auch aus negativen Konsequenzen, und Lebewesen lernen auch daraus. Man muss nur wissen, wie das gezielt anzuwenden ist.

Körperliche Konsequenzen (Schlagen, Treten, Leine rucken etc.) sind nichts, woraus der Hund Sinnvolles lernt! Strafen in Form von Schmerz führen ausschließlich zum Vermeidungslernen. Wir aber wollen, dass der Hund aktiv etwas tut.

Und das geht so:

Das, was dem Hund am wichtigsten im Leben sein sollte, sind Sie. Sie sind Sozialpartner, Dosenöffner, Spielzeug, Kuscheleinheit, Bettchenkäufer, Haustüröffner, Leckerchenverstecker und Leinenlöser. Ohne Sie geht gar nichts. Das hat er schließlich schon in den ersten Wochen gelernt. Sie können also Ihre Wichtigkeit ausspielen, um die beleidigte Leberwurst zu spielen und Ihrem Hund zu sagen: »Wenn du nicht kommst, dann bin ich weg. Mir doch egal, was du machst, ich gehe!« Damit das funktioniert und Sie damit die absolute nonplusultra Sicherheitsleine haben, muss auch das vernünftig aufgebaut werden.

Kennen Sie die Mamis und Papis, die verzweifelt hinter ihren Kindern herrufen »Tschüss, ich gehe jetzt ... Wenn du nicht kommst, bin ich weg ... Schau, wie weit ich schon bin ... Tschühüüüs, ich gehe wirklich ... Verdammt, jetzt komm endlich mit!!«? Ja, so ähnlich ist das auch mit den Hunden. Nur dass es dort klappen soll. (Psst: Klappt übrigens, gut aufgebaut, auch bei den Kiddies!)

Bringen Sie Ihrem Hund also auch ein sogenanntes »Und tschüss«-Signal bei, und Sie kündigen damit eine negative Konsequenz an, die Ihr Hund versuchen wird, zu verhindern.

Übung: »Und Tschüss!«

1. Gehen Sie mir Ihrem Hund spazieren. Sobald er Sie mal nicht anschaut, rufen Sie ihn einmal mit Ihrem »Hier!«-Signal.

2. Kommt er nach 3 Sekunden nicht, sagen Sie EINMAL »Und tschüss!«, drehen sich auf dem Absatz um und entfernen sich schnell in die entgegengesetzte Richtung. Lassen Sie dabei die Leine fallen oder drücken Sie diese einer Hilfsperson in die Hand, die Ihren Hund nicht weiter beachtet.

3. Gehen Sie unbedingt so lange weiter, bis Ihr Hund merkt, dass Sie gehen, sich auf den Weg macht und wieder auf Ihrer Höhe ist. Beachten Sie ihn währenddessen gar nicht und loben Sie nicht, wenn er ankommt. Sie dürfen aber kurz anmerken, dass er Glück hatte, dass Sie noch nicht so weit weg sind.

4. Sobald Ihr Hund wieder bei Ihnen ist, nehmen Sie die Leine wieder auf und gehen wieder in die anfängliche Richtung. Rufen Sie Ihren Hund auf derselben Höhe, wie beim ersten Mal, erneut. Kommt er, wird er groß belohnt. Kommt er nicht, wiederholen Sie alle Punkte, bis es einmal klappt.

**Beenden Sie die Übung immer
mit einem erfolgreichen Zurückkommen
auf Signal.**

Wenn Sie bei Versuchen unter größerer Ablenkung mal weiter weg gehen müssen, dann tun Sie das auch! Irgendwann wird der Hund Ihre Abwesenheit bemerken und je konsequenter Sie am Anfang sind, desto schneller wird er bei den nächsten Malen kommen. Wenn Ihr Hund ein großer Menschenfreund ist, dann probieren Sie es doch mal unter dieser großen Ablenkung: Bekannte kommen auf Sie zu und Ihr Hund ist im Begriff hinzurennen (oder ist sogar schon auf dem Weg). Sagen Sie Ihr »Und tschüss!« (wenn er auf das »Hier!« nicht reagiert hat), gehen Sie weg und achten Sie darauf, was passiert. Bricht er die Begrüßung ab? Dann haben Sie ein wirklich wirkungsvolles Signal! Wenn Ihr Hund sich jedoch freut, endlich mal ohne das Gemurre seines Menschen schnüffeln zu dürfen, sobald Sie sich abwenden, oder wenn Sie Angst haben, dass Ihr Hund verschwinden könnte, dann üben Sie so:

Übung: »Und Tschüss! - Die Zweite«

1. Ihr Hund ist an der langen Schleppleine. Rufen Sie ihn mit Ihrem Kommsignal.

2. Reagiert er nicht, sagen Sie »Und Tschüss!«, binden das Ende der Leine an einen Baum, Pfahl oder Ähnliches und gehen in die entgegengesetzte Richtung davon. Gehen Sie ruhig recht laut mit Schlurfen und Ähnlichem, damit Ihr Hund das so früh wie möglich mitbekommt und gehen Sie, wenn nötig, außer Sicht.

3. Warten Sie dann ab, bis Ihr Hund beginnt, Sie zu suchen. Erst wenn er sichtbar nicht mehr weiß, was er tun soll und gern zu Ihnen möchte, gehen Sie leise lobend auf ihn zu, solange er Sie anschaut. Bleiben Sie sofort stehen, wenn er sich wieder anderen Dingen zuwenden sollte als Ihnen. Ihr Hund lernt dabei, dass er durch seine Aufmerksamkeit beeinflussen kann, ob Sie kommen oder gehen.

4. Wiederholen Sie diese Übung mehrere Male über mindestens eine Woche. Der Hund muss schließlich erst begreifen, worauf es hier ankommt und dass Sie der- oder diejenige sind, die ihn erretten kann. Vor allem aber, dass das Signal »Und tschüss!« eine Situation ankündigt, aus der er errettet werden muss, nämlich von Ihnen!

Aber vergessen Sie eines nicht: Sie möchten, dass Ihr Hund auf Ihr »Hier!« hört! Sie sollten die Ankündigung der negativen Konsequenz während der Trainingswochen also maximal in einem von fünf Fällen nutzen müssen. Sollten Sie Ihren Hund immer nur noch mit »Und tschüss!« dazu bringen, zu Ihnen zu kommen, sind wieder Leine und ein neuer Aufbau des Komm-signals angesagt.

Aiko interessiert sich so sehr für den Fotografen, dass er auf Mandys »Zu mir!« nicht reagiert.

Mandy reagiert jedoch mit einem »Und Tschüss!«, bindet Aiko am Pfahl fest und geht.

Anfangs bemerkt
er nicht, dass
Frauchen weggeht
und versucht,
es auszusitzen.

Ups,
irgendwas
ist anders.

Jetzt lernt
er gleich,
dass er nicht
hinterherkann.
»Und Tschüss!«
wird zu einem
Frustsignal.

7.
Schwieriger heißt besser werden

Im letzten Kapitel ging es unter anderem darum, ein Signal einzuführen, das dem Hund eine negative Konsequenz auf sein »Nicht-Hören« ankündigt. Dies ist sinnvoll, wenn der Alltag einen sauberen Übungsaufbau für das Kommsignal verhindert. Trotzdem müssen Sie so sauber wie eben möglich arbeiten, auch wenn Sie nun eine Rettungsleine in Form des »Und tschüss!«-Signals haben. Das heißt, dass Sie alle beschriebenen Übungen (und die, die Ihnen selbst noch einfallen) unter immer größerer Ablenkung durchführen müssen.

Wenn Ihr Endziel ist, dass Sie Ihren Hund immer und jederzeit rufen können (und er auch kommen soll), ist dies einer der wichtigsten Punkte des Übungsaufbaus.

Überlegen Sie also, wo Ihr Hund bisher besser kommt, wenn Sie rufen, und wo bzw. wann es schwieriger ist, ihn an die Leine zu nehmen. Vielleicht ist es bei Ihrem Hund ähnlich wie bei Charlie.

Es wird schwieriger für Charlie:

1. wenn die Abendbrotzeit näher rückt,

2. wenn er nachts um 12 Uhr, nachdem Herrchen mit ihm Joggen war, noch ein letztes Pfützchen machen soll,

3. wenn er sich auf dem Hundeplatz mitten im Training befindet,

4. wenn ein anderer Hundelümmel bei Frauchen Streicheleinheiten bekommt,

5. wenn Hundekumpel Johnny noch 300 Meter entfernt ist,

6. wenn die Maya von drei Straßen weiter seit 8 Wochen nicht mehr heiß ist,

7. wenn Hundekumpel Johnny noch 100 Meter entfernt ist, Frauchen aber Leberwurst dabei hat,

8. wenn Frauchen dringend nach Hause muss,

9. wenn der Nachbarshund mal wieder frech kuckt,

10. wenn die Katze ganz eindeutig Lust auf Zoff hat.

Sie können die Liste beliebig verlängern. Und je länger sie ist, desto mehr Anhaltspunkte haben Sie zum Üben.

Wenn Sie nun eine solche oder ähnliche Liste für Ihren Vierbeiner haben, können Sie beim Üben immer darauf achten, auf welcher Ablenkungsstufe Sie sich befinden. Rufen Sie während des Trainings möglichst immer dann, wenn die Ablenkung nur so groß ist, dass Ihr Hund noch gehorcht. Je öfter es klappt, desto eher können Sie es mit einer Ablenkung ausprobieren, die einen Punkt weiter oben auf Ihrer Liste steht, und es wird funktionieren. So steigern Sie Schritt für Schritt die Anforderungen, unter denen Ihr Hund noch kommen wird. Wenn Sie in der Hundeszene mitreden wollen, sagen Sie einfach, dass Sie gerade »generalisieren«, wenn Ihr Hund mal nicht kommt. Dann kann Ihr Gegenüber wissend mit dem Kopf nicken und so tun, als wäre ihm nun völlig klar, dass Sie die Situation gerade falsch eingeschätzt haben und wieder einen Platz auf Ihrer Liste zum Üben nach unten rutschen müssen. Nachdem also das Kommen unter geringer Ablenkung gut funktioniert, können Sie es nun anhand Ihrer Ablenkungsliste verbessern. Sie können auch extra Situationen mit Hilfspersonen stellen, um zu üben.

Die Situationen der Liste kommen häufig unverhofft, und wenn man nicht wenigstens vorher ein paar Mal geübt hat, was man tut, wenn der Hund nicht hört, dann ist man schnell frustriert, weil sich der Erfolg nicht so einstellt, wie erhofft. Nutzen Sie also folgende Übungen als Zwischenschritte zum Üben in der Realität.

Übung: Futter bei der Hilfsperson

1. Geben Sie einer Hilfsperson ein paar olle Trockenlecker-chen in die Hand. Ihr Hund ist an der Zehn-Meter-Leine und darf an den Leckerchen schnüffeln, ohne sie jedoch fressen zu können.

2. Gehen Sie nun so weit weg, wie die Leine es zulässt, und rufen Sie Ihren Hund einmal mit Ihrem »Hier!«. Gleichzeitig nimmt die Hilfsperson die Hand mit dem Futter vom Hund weg, dreht sich um und geht, wenn nötig auch ein paar Schritte vom Hund weg.

3. Kommt der Hund zu Ihnen gesaust, belohnen Sie ihn mit tollen Leckerchen, die er am Boden suchen darf, oder einem tollen Rennspiel. Kommt er nicht, bleiben Sie stehen, halten die Leine fest und warten ab.

4. Kommt er etwas später doch noch, bekommt er von Ihnen ein Leckerchen in die Schnauze. Müssen Sie nach einigen Sekunden ein zweites Mal rufen oder gar lange warten, bis der Hund kommt, erwürgen Sie ihn in Gedanken und loben ihn ruhig, wenn er da ist. Wiederholen Sie in diesem Fall die Übung mit noch schlechteren Leckerchen bei der

Hilfsperson oder auch ohne Leckerchen, wenn die Person als Ablenkung schon ausreicht.

Kommt Ihr Hund angeflogen, wenn Sie ihn einmal rufen, dann steigern Sie die Qualität der Leckerchen bei der Hilfsperson. Sie könnten sogar eine eigene »Was frisst mein Hund am liebsten?«-Liste aufstellen. Bei Jake würde da (von unten nach oben) stehen: Gras, Pferdeäpfel, Trockenfutter, Essensreste, Käse, Würstchen, Buletten, tote Mäuse, Aas, Leberwurst, Blutwurst.

Nun können Sie immer das Nächstbessere auf dieser Liste Ihrer Hilfsperson in die Hand drücken (haha!) und Ihren Hund mit dem noch Besseren belohnen (hihi!). Wenn Sie ungefähr in der Mitte Ihrer Liste angekommen sind (also bei Würstchen und Buletten), variieren Sie die Belohnung für Ihren Hund. Mal bekommt er das Bessere, mal etwas »Schlechteres«. Denken Sie aber auch daran, dass die Form, wie Sie es Ihrem Hund geben, die Wertigkeit der Belohnung steigert. (Selbst ausgebuddelte Mäuse sind besser als von Frauchen aus der Tasche. Oder geworfene Wurststückchen machen mehr Spaß als solche, die in die Schnauze gestopft werden!)

Je besser Ihr Hund kommt, desto weniger muss die Hilfsperson die Hand wegnehmen oder sich abwenden. Ihr Ziel ist hier zunächst erreicht, wenn Ihr Hund auf Ruf zu Ihnen kommt, ohne, dass die Hilfsperson sich abwenden muss und ihre Hand nicht wegziehen braucht. Natürlich haben Sie auch hier die Möglichkeit, Ihr »Und Tschüss!« zu benutzen, aber Sie wissen in diesem Moment, dass die Ablenkung zu groß war und senken diese beim nächsten Versuch.

Achten Sie darauf, dass Sie die einzelnen Ablenkungsstufen wirklich nur so weit erhöhen, dass der Hund auch die Chance hat, erfolgreich zu sein.

Wenn Sie gerade keine Hilfsperson zur Hand haben, machen Sie die folgende Übung:

Übung: Futter am Boden/am Baum

1. Legen Sie das Futter auf den Boden oder hängen Sie es an einen Baum. Binden Sie den Hund aber vorher davon entfernt an, damit Sie ihn dann nicht wegzerren müssen. Wir wollen ihn dann nämlich auch an lockerer Leine abrufen!

2. Nun binden Sie Ihren Hund wieder los, greifen in die Endschlaufe der Leine und lassen diese auch nicht mehr los. Es wird nicht nachgegriffen und die Leine bleibt auf einer Länge. Ihr Hund muss immer mindestens einen Meter Bewegungsspielraum haben.

3. Gehen Sie mit Ihrem Hund so auf das Futter zu, dass er an der Leine gerade nicht hinkommt und Sie die Leine nicht kürzer nehmen müssen.

   Sobald Ihr Hund das Futter in der Nase hat und hinzieht, bleiben Sie stehen, rufen ihn einmal und warten ab, falls er nicht kommt. Halten Sie die Leine gut fest und warten Sie darauf, dass Ihr Hund mitbekommt, dass er so wohl nicht an den Leckerbissen gelangt.

4. Sobald er sich frustriert oder auch fragend umschaut oder zumindest die Leine lockert und sich hinsetzt oder zur Seite geht, rufen Sie Ihren Hund noch einmal freundlich zu sich und gehen gleichzeitig so weit zurück, wie es die Leine erlaubt. Kommt Ihr Hund, belohnen Sie ihn mit einem rollenden Leckerchen in die Laufrichtung. Kommt er nicht, warten sie eben noch ein wenig. (Kampf der Dickköpfe!)

5. Probieren Sie es mehrere Male hintereinander und belohnen Sie den Hund anfangs immer weit weg von den Leckerbissen am Boden oder am Baum.

6. Versucht Ihr Hund nicht mehr, hypnotisch das Futter zu sich schweben zu lassen, sondern dreht er sich schnell um und reagiert auf Ihr Rufen, geben Sie ihm die Belohnung, während Sie weiter am Futter vorbeilaufen. Zieht er gleich wieder hin, bleiben Sie eben wieder stehen. (Sie sind ja mindestens eine Leinenlänge entfernt!)

7. Üben Sie das mehrere Tage hintereinander. Nun achten Sie darauf, Ihren Hund zu rufen, bevor sich die Leine lockert. Ziel ist jetzt, dass er kommt, ohne die Leine zu straffen. Enstprechend wird er auc nur dann besonders belohnt, wenn es klappt.

Das Dbwdwwdtwiw-System bzw. »Du bekommst was du willst, wenn du tust, was ich will« - System Jetzt sind wir bei den Übungsschritten, bei denen Ablenkungen hinzukommen, die Ihr Hund vielleicht viel viel interessanter findet als Ihr doofes Leckerchen. Wenn Sie wieder eine Gehirnzelle schlauer sein wollen als Ihr Hund, dann nutzen Sie spätestens jetzt wie vorn beschrieben, die Ablenkung als Belohnung. Hat er bei den letzten Übungen prima und sofort reagiert? Dann erlauben Sie ihm auch, das Leckerchen bei der Hilfsperson oder vom Baum zu fressen.

Das Unerreichbare zu erreichen aufgrund eigenen Tuns motiviert wahnsinnig und wird Ihr Training nach vorn katapultieren. Gehen Sie außerdem offenen Auges spazieren und achten Sie darauf, ob eine Situation kommt, in der Sie das Zurückrufen üben können und mit der Ablenkung belohnen können. Im Sommer sind für viele Hunde Badeseen eine willkommene und gern gesehene Abwechslung. Sie können also an der langen Leine auf den See zugehen, Ihren Hund vor Erreichen abrufen und für die erfolgreiche Ausführung ins kalte Nass springen lassen.

Wenn das gut funktioniert, gehen wir ans Eingemachte.

Tipp am Rande: Wenn Sie in eine Situation geraten, in der die Umwelt von Ihnen verlangt, Ihren Hund zu rufen, Sie aber genau wissen, dass er nicht kommt, dann rufen Sie einfach ein ganz anderes Kommsignal. Gleichzeitig versuchen Sie natürlich mit Körpersprache oder allem, was möglich ist, Ihren Hund zu sich zu bekommen.

Nun verschlimmern wir das Ganze noch. Abrufen von Futter ist ja nur Schritt zwei nach Abrufen ohne größere Ablenkung. Schwierigere Ablenkungen haben wir nämlich immer dann, wenn viel Bewegung und/oder andere Hunde im Spiel sind. Genauso, wie Sie mit Ihrem Hund an ausgelegtem Futter arbeiten, arbeiten Sie nun auch, wenn andere Hunde in der Nähe sind oder etwas anderes, zu dem Ihr Hund unbedingt hinmöchte.

Übung: Abrufen von fremden Hunden

1. Gehen Sie auf die Hunde zu.

2. Sobald Ihr Hund diese sieht, rufen Sie ihn zu sich und bleiben stehen.

3. Kommt er, belohnen Sie ihn mit dem Lösen des Karabiners und er darf flitzen. Natürlich nur, wenn das vorher mit den anderen Hundebesitzern abgesprochen wurde. Kommt er nicht, bleiben Sie stehen wie beschrieben und warten ab.

Am besten wäre es natürlich, wenn zwischen den Hunden und Ihnen ein Zaun wäre, damit die anderen Hunde auch nicht zu Ihrem Hund könnten. Aber leider hat man nicht immer alles unter Kontrolle und so müssen Sie eben sehen, wie Sie es am besten geregelt bekommen. Vielleicht können Sie mal am Hundeplatz üben oder andere Hundefreunde fragen, die ihre Hunde mal festhalten und abwarten würden.

Wenn Sie das regelmäßig bei jeder Hundebegegnung üben, haben Sie sehr schnell einen Hund, der erst mal zu Ihnen kommt, wenn er Hunde sieht, statt über die befahrene Straße zu rennen.

Janosch möchte Bruno gern begrüßen. Zuerst soll er aber zu Mandy kommen. Vorher darf er keinen Nasenkontakt aufnehmen und wird mit der Leine festgehalten.

Mandy ruft und lobt Janosch schon, sobald er sich zu ihr umdreht. Sie geht rückwärts und hilft ihm so, schneller zu kommen.

Sobald Janosch bei Ihr ist, löst Mandy zur Belohnung die Leine.

Jetzt darf er endlich zu Bruno und Andrea, um sie zu begrüßen. Dies ist für ihn die beste Belohnung, die er in diesem Moment bekommen konnte.

Können Sie Ihren Hund abrufen, während er hinter dem von Ihnen geworfenen Ball her rennt? Falls nicht, haben Sie nun für zwei Wochen eine neue Übung vor sich, deren erfolgreiches Ergebnis Ihre Hundebekanntschaften sicher beeindrucken wird. Gerade für Ball-Junkies – Hunde, die für ihren Ball sterben würden – ist die folgende Übung eine sehr schwierige Trainingseinheit. Aber auch andere Hunde, die auf schnelle Reize reagieren, haben hier eine Übung unter großer Ablenkung.

Übung: Abrufen vom Ball oder geworfenen Futter

1. Nehmen Sie sich den Lieblingsball Ihres Hundes und zudem Ihren Hund an die normale Leine, so dass er ca. 1,50 Meter Radius hat.

2. Zeigen Sie ihm den Ball und werfen Sie diesen dann von unten und ohne viel Schwung, so dass er gerade außer Reichweite des Hundes rollt. Gleichzeitig rufen Sie Ihren Hund mit Ihrem »Hier!«-Signal.

3. Halten Sie die Leine gut fest, auch wenn er anfangs in die Leine laufen wird. Rufen Sie erneut, sobald er verwirrt angehalten hat.

4. Kommt er dann noch immer nicht, warten Sie eben wieder

mal ab und rufen erst wieder, wenn die Leine locker ist. Sobald er kommt, loben Sie ihn lauthals und rennen sofort mit ihm zusammen zum Ball.

5. Wiederholen Sie das mehrere Male, damit der Hund die Regeln verstehen kann. Hat es einmal funktioniert, machen Sie für diesen Tag Schluss und üben morgen weiter.

6. Üben Sie so lange, bis Ihr Hund nicht mehr in die Leine rennt, sondern sofort zu Ihnen kommt. Dann erschweren Sie die Aufgabe: Werfen Sie nun stärker, am besten mit Schwung von oben, und üben Sie das Abrufen unter diesen Anforderungen.

7. Klappt auch das gut, werfen Sie den Ball mehrere Male ohne Ihren Hund zu rufen, bis er dem Ball wieder normal hinterherrennt. Er wird sicher anfangs verwirrt sein und dem Ball nicht nachlaufen wollen, aber Sie können Ihn ruhig ermuntern bis er das wieder tut. Dann rufen Sie mal wieder.

Auch dies üben Sie mehrere Tage, bis Ihr Hund den Unterschied kennt und verstanden hat, dass er nur dann nicht dem Ball hinterherlaufen soll, wenn er gerufen wird.

Rufen Sie anfangs immer sofort in dem Moment, in dem Sie den Ball werfen.

Und noch eine Steigerung gibt es:

Ihr Hund kommt, wenn Sie ihn rufen, obwohl Sie den Ball schon mit viel Schwung weit werfen? Okay, nun lassen Sie ihn mal (an der langen Leine bitte!) eine Strecke hinter dem Ball herlaufen und rufen ihn dann zurück. Aber machen Sie es ihm auch da zunächst etwas einfacher und rufen Sie ihn sofort nachdem Sie den Ball geworfen haben. Alles Weitere läuft so wie am Anfang, also festhalten, nochmal rufen, zum Ball laufen lassen. Nun warten Sie immer etwas länger, bevor Sie Ihren Hund rufen. Aber dehnen Sie die Zeit wirklich nur dann aus, wenn Ihr Hund den vorherigen Schritt problemlos bewältigt hat. Lässt er sich also eine Sekunde nach dem Werfen abrufen, rufen Sie beim nächsten Mal erst nach zwei Sekunden.

Kleine Schritte bringen Sie zum Erfolg.

Der Ball wird entweder ausgelegt oder geworfen, während der Hund sitzen bleibt.
Je nach Trainingsstand können Sie Ihren Hund auch gleich hinter dem Ball herlaufen lassen.

Jetzt darf der Hund an der langen 10 Meter Leine loslaufen.

Anfangs ruft man den Hund sofort nach dem Loslaufen zurück, später ruft man immer später, um die Trainingsanforderungen zu erhöhen.

Kommt der Hund sofort zurück, darf er zur Belohnung den Ball wirklich holen.
Reagiert er nicht, stoppt ihn die Leine, es wird ein zweites Mal gerufen und »schlechter« belohnt.
Z. B. mit einem Leckerchen oder Streicheln.

Für Hunde, die Bälle nicht so mögen, für die ein fliegendes Leckerchen, ein herunterfallendes Blatt, rennende Menschen oder andere plötzliche Reize interessanter sind, üben Sie genauso wie oben mit dem Ball beschrieben. Je nach ablenkendem Reiz müssen Sie jedoch in der Belohnung variieren. Rennende Menschen dürfen keinesfalls als Belohnung benutzt werden, es sei denn, es handelt sich um ein Spiel mit Ihrem eigenen Hund.

**Hunde sind Beutegreifer.
Fangespiele kommen aus dem Bereich
des Jagdverhaltens und je nach Hund und
Situation kann ein harmloses Spiel
auch umschlagen.**

Richtig schwer wird es für die meisten Hunde, wenn tatsächlich ein Kaninchen über die Wiese flitzt. Auch Hunde, die nicht für die Jagd gezüchtet sind, können hier kaum widerstehen. Aber auch das lässt sich trainieren: mit einem künstlichen »Rasenden Hasen«. Er besteht aus einem dehnbaren Seil mit Karabinern, einem Anlegepflock und einem getrockneten Kaninchenfell. Oder auch einfach einem alten Handtuch oder ähnlich wuschligem Spielzeug. Der Aufbau erfolgt genauso wie beim Training mit dem Ball. Sie brauchen allerdings eine Hilfsperson, die den Hasen flitzen lässt.

Sirius saust dem Fell hinterher, das Luis hat losschnipsen lassen.

Andreas ruft ihn und Sirius dreht auf der Hälfte um.

Mit entsprechender Körpersprache kommt Sirius genauso schnell zurück und wird toll belohnt.

8.
Schnell ist super

Da Sie – genau wie jeder andere Hundehalter vermutlich auch – nur ein Mensch sind, sind Sie in Ihren Erbanlagen und Instinktverhaltensweisen gefangen. Ebenso wie Sie oft genug den Fehler machen werden, Ihren Hund zu rufen, obwohl Sie die 10 verwetteten Euro gar nicht haben, die Sie wegen Nichtbefolgens bezahlen müssten, werden Sie höchstwahrscheinlich nicht Ihr ganzes Leben lang absolut konsequent bei der Benutzung des »Hier!«-Signals sein. Es ist schon ein Kreuz mit uns Menschen, und unsere Hunde sind sehr zu bedauern. Zum Glück sind sie clever genug, auch trotz unserer Trainingsfehler irgendwann zu begreifen, was wir von ihnen wollen. (Vielleicht ist das aber auch gar nicht so clever von ihnen. Denn wenn das nicht so wäre, würden wir nicht ständig neue (Un-) Methoden entwickeln, ihnen den »Trotz auszutreiben« oder sie zu »dominieren«, und verzweifelt zu Hundeflüsterern, -schamanen und anderen »mystisch Begabten« zu rennen, statt sie einfach nur in unsere Familie aufzunehmen.

Tipp am Rande: Nutzen Sie immer Ihren logischen Menschenverstand und glauben Sie nichts, das den Naturgesetzen widerspricht!

Hunde sind Hunde. Es sind keine Menschen in anderem Gewand, die deutsch denken! Hunde sind Lebewesen, die Ihren Vorteil suchen. Können wir diesen kontrollieren, haben wir eine Möglichkeit, dem Hund etwas beizubringen.

Aber weil wir eben nur mit dem arbeiten können, was wir haben, nutzen wir unseren Intelligenzvorteil (sofern vorhanden) und bauen uns ein Extra-Signal auf, das wir wirklich nur für ein wichtiges, bewusst eingesetztes Kommen benutzen: Das Superkomm!

Das Superkomm soll ein Signal werden, das den Hund in der Luft stoppen und umdrehen lässt. Es soll ihn zum Fliegen bringen, zum Zurückfliegen natürlich! Ein Signal, das Sie vor allem für den Notfall bereit haben, so dass Sie sicher spazieren gehen können, mit der Gewissheit, Ihren Hund immer und überall zu sich holen zu können. Klingt gut? Es ist mit Konsequenz (wie immer), Spucke und Geduld einfach aufzubauen.

Als Erstes gehen Sie mal in den Supermarkt und schauen mit den Augen Ihres Hundes. Was würde er sich als Allererstes schnappen, wenn er könnte? (Hosenbeine bleiben außen vor!) Würstchen, Buletten, Gouda, Leberwurst, Katzenfutter, Blutwurst, Hühnerherzen, Weißbrot, Schinken ...? Wenn Sie sich nicht sicher sind, kaufen Sie eine Auswahl und testen es zu Hause wie folgt: Halten Sie in einer Hand eine Bulette, in der anderen ein Würstchen. Schnuppert der Hund an der einen Hand und probiert dranzukommen, dann versuchen Sie, ihn mit der anderen Hand abzulenken. Womit lässt er sich schneller ablenken? Damit testen Sie dann das Nächste, vielleicht Hühnerherzen oder Pansen.

Wenn Ihr Hund mehr auf Spielzeug steht, suchen Sie sich verschiedene Spielzeuge, die Ihr Hund mögen könnte. Bälle mit Fell, etwas zum Quietschen, Spielknoten, Vollgummi-Spielzeug, weiche Dinge und so weiter. Lassen Sie den Hund erst einmal selbst entscheiden, was er mag, und versuchen Sie dann, ihn mit etwas anderem davon abzulenken. Legen Sie zwei Spielzeuge fünf Meter vor ihm auf die Erde und lassen Sie ihn laufen. Wo läuft er zuerst hin?

Für Jagdhunde ist echtes Wildfell, das man vom Jäger bekommen kann, eine tolle Alternative, für andere Hunde vielleicht eine Kombination aus Futter und Spielzeug, wie der gefüllte Kong.

Wenn Sie gefunden haben, was Sie suchen, brauchen Sie noch eine Möglichkeit, das Ganze unbemerkt von Ihrem Hund bei sich zu tragen. Für Futter bieten sich Futtertuben und Tupperware an. Spielzeug passt in Jacken- und Bauchtaschen. Stecken Sie die Dinge immer schon nach dem letzten

Spaziergang ein, damit Sie sie beim nächsten Spaziergang dabeihaben, ohne dass Ihr Hund es weiß. (Immer dran denken: Hunde sind schlau!)

Ob Leberwurst in der Tube, Critter oder Gummiknochen, Hunde haben unterschiedliche Vorlieben. Testen Sie Ihren Hund!

Wenn es um Belohnung geht, zählt nicht nur das »Was«, sondern vor allem auch das »Wie«. Lange kauen, schlucken oder lecken aus der Tube kann beruhigend wirken. Ob es sich um Katzenfutter, Leberwurst, Hundeleckerchen, Würstchen, Frischkäse oder sonstige Leckereien handelt, sollten Sie vom Hund und seinem Geschmack abhängig machen. Futter lässt sich aber nicht nur lecken, sondern auch suchen, fangen oder jagen. Auch ein langweilig vor die Schnauze gehaltenes Spielzeug macht den wenigsten Hunden Spaß. Vor Spielzeug, dass dem Hund geradezu aufgedrängt wird, haben manche Hunde sogar Angst. Es muss auf dem Boden hoppeln, wegflitzen, springen, wiederkommen und zergelbar sein. Nur so bieten Sie Bewegungsreize, auf die Ihr Hund mit Freude reagiert.

Nun brauchen Sie noch ein Signal. Zu empfehlen ist hier die Pfeife, wenn Sie nicht auf zwei Fingern pfeifen können. Die

Pfeife klingt immer gleich und überbringt dem Hund dadurch immer dieselbe Information – egal, welche Laune Sie gerade haben. Der Hund muss das Signal nicht erst hinsichtlich seiner Bedeutung analysieren, denn diese ist immer dieselbe, und die Pfeife ist laut genug, um weithin gehört werden zu können. Achten Sie nur darauf, dass es möglichst keine Pfeife ist, die jeder andere Hundehalter in Ihrer Nähe ebenfalls hat!

Übung: Das Super-Komm

1. Beginnen Sie in der Wohnung. Wenn Ihr Hund gerade mal nicht so viel zu tun hat und leidlich aufmerksam ist, geben Sie als Erstes Ihr Signal, pfeifen also und halten ihm das Futter sofort zum Fressen hin, bzw. beginnen sofort mit ihm wild zu spielen. Ihr Hund muss mindestens 7 Sekunden etwas davon haben. Zählen Sie mit!

2. Stecken Sie den Futterrest oder das Spielzeug wieder weg und tun Sie so, als wäre nichts gewesen, bis Ihr Hund nicht mehr an Ihnen hochhüpft.

3. Wiederholen Sie die Übung, sobald Ihr Hund das Futter nicht mehr erwartet, aber noch in Ihrer Nähe ist.

4. Diese Übung machen Sie nun eine Woche lang einmal täglich in der Wohnung, egal wo, egal wann.

Wenn Ihr Hund aus dem hintersten Winkel der Wohnung zu Ihnen fliegt, wenn Sie pfeifen, gehen Sie zur nächsten Stufe über. Nehmen Sie Ihre Superbeute mit nach draußen. (Daran denken: nach einem Spaziergang für den nächsten Spaziergang einstecken!) Auch hier geben Sie das Signal anfangs nur, wenn Ihr Hund gerade nicht sehr abgelenkt ist, in Ihrer Nähe ist und sonst nichts zu tun hat.

Achten Sie darauf, erst das Signal zu geben und dann das Futter oder Spielzeug herauszuholen. Nur dann wird das Signal für den Hund zur Ankündigung.

Üben Sie eine Woche täglich maximal ein- bis zweimal auf jedem Spaziergang. Pro Spaziergang kommt das Signal nun anfangs, wenn Ihr Hund kaum abgelenkt ist, später bei immer höheren Ablenkungen. Denken Sie aber daran: Jedes Mal, wenn es nicht geklappt hat, sind Sie einen Trainingsschritt zurückgefallen. Dann nehmen Sie die berühmte Zeitung, hauen sich damit einmal auf den Kopf und sagen laut und deutlich: »Du sollst nicht so ungeduldig sein!« Um das zu verhindern, achten Sie also darauf, dass es möglichst immer klappt. Nach dieser Woche sollte Ihr Hund bei geringem Ablenkungsgrad, also ohne fremde Hunde, Wild und Ähnlichem, zu Ihnen fliegen.

In der dritten Woche nehmen Sie eine Hilfsperson mit, es sei denn, Ihr Hund kann schon in 50 Metern Entfernung sitzen bleiben. Lassen Sie ihn festhalten oder bleiben und rufen Sie ihn dann mit Ihrem Supersignal. Während Ihr Hund auf Sie zuläuft, bestärken Sie das zusätzlich mit anfeuernden »JaJaJa«-Rufen und laufen rückwärts. Durch dieses Training verknüpft der Hund noch einmal direkt das Kommen zu Ihnen, statt dem Weglaufen. Sie haben in dieser Woche zwei Versuche pro Tag und nutzen einen davon in dieser Form. Den zweiten Versuch machen Sie nun schon in Situationen, in denen Ihr Hund stärker abgelenkt ist. Vielleicht in neuen Gegenden, wenn fremde Menschen kommen oder andere Hunde in einiger Entfernung sind, wenn da ein neuer Geruch ist oder was sonst Ihren Hund etwas ablenkt.

Nach drei Wochen sollten Sie damit ein Signal haben, das in vielen Situationen gut funktioniert. Wenn nicht, gehen Sie bis zu der Woche zurück, in der es noch funktioniert hat, und beginnen dort neu. Denken Sie daran: Lieber eine Zeitlang intensiv üben, als später eine Ewigkeit auf den Hund warten!

Wie es nun weitergeht, hängt von Ihrem Hund ab. Steigern Sie von Woche zu Woche die Ablenkungen. Probieren Sie aus, wann Ihr Hund noch abrufbar ist und wann Sie in noch kleineren Schritten die Ablenkung steigern müssen. Machen Sie immer wieder die Übung mit Festhalten oder Ablegen in 50 Metern mit dem Supersignal, um das Zu-Ihnen-Kommen zu festigen. Bleiben Sie dran, machen Sie, wenn nötig, kleine Schritte und beißen Sie sich fest. Wenn Sie damit fertig sind, ist Ihr Leben (zumindest in Hinblick auf das Kommen Ihres Hundes) wieder angenehm und stressfrei!

Fragen Sie sich, warum Sie überhaupt ein normales Kommsignal aufbauen sollen, wenn Sie ein so bombensichereres Superkomm haben? Hier die Antwort: Haben Sie sich schoneinmal überfressen? Wenn man etwas ganz besonders mag und irgendwann (zum Beispiel weil man erwachsen geworden ist) die Möglichkeit hat, dieses Etwas in großer Menge zu kaufen, ist man als Mensch so unvernünftig, dies auch zu tun. Man futtert also, was das Zeug hält, weil es einfach superlecker ist. Spätestens, wenn man das zehnte Mal auf dem Klo sitzt oder darüber beugt, schwört man sich, das Zeug nie wieder anzurühren. Man hat die Lust ins Gegenteil verkehrt. Ganz so ist es bei unseren Hunden nicht unbedingt, aber wenn Ihr Hund am Tag zehnmal gerufen wird und dafür 7 Sekunden lang Leberwurst futtern darf, hat er irgendwann einfach keinen Appetit mehr darauf. Er wird beginnen zu überlegen, ob er jetzt Leberwurst möchte oder doch lieber weiterspielen. Sobald Ihr Hund aber beginnt, abzuwägen, ist die Wirkung des Superkomms futsch. Das Superkomm soll einen Reflex, das Zurückfliegen, auslösen und das funktioniert nicht mehr, wenn der Hund nachdenkt.

Wenn Sie jetzt meinen, dass Sie es dann eben nur für die großen Ablenkungen einsetzen wollen, laufen Sie auch schnell in eine Falle. Ihr Hund wird als schlauer Kerl oder schlaues Mädel nämlich schnell merken, dass dieses Signal immer dann kommt, wenn es irgendetwas ganz Besonderes weiter vorn gibt. Ihr Superkomm wird dann zur Ankündigung, dass woanders was Tolles geschieht. Und schon wieder ist es kaputt.

Wann können Sie es denn nun eigentlich nutzen? So selten wie möglich und so oft wie nötig, ist der Zauberspruch. So selten, dass es für den Hund was unvorhergesehen Tolles ist und so oft, dass die Verknüpfung bestehen bleibt. Am besten also vor allem im Notfall und zur Auffrischung immer mal zwischendurch.

Nutzen Sie Ihr Superkomm so oft wie nötig und so selten wie möglich.

Fliegende Hunde sind das Ergebnis eines sauber aufgebauten Superkomms.

9.
Alltägliches

Wenn Sie die letzten Wochen auf dem Hundeplatz verbracht haben, wird Ihr Hund sicherlich schon perfekt auf Ihr »Hier!« hören. Zumindest immer dann, wenn Sie ganz gezielt das Herkommen üben. Klappt das aber auch im Alltag, wenn Maxi wieder ins Auto muss, weil es nach Hause geht? Oder wenn Ihnen unerwartet Kumpel Rocco entgegenkommt? Klappt es, wenn Kira schnell vom Garten ins Haus soll, weil der Laden gleich zumacht, oder wenn auf dem Spaziergehweg unerwartet ein Fahrrad kommt? Falls ja, überspringen Sie dieses Kapitel und gönnen Sie sich eine leckere Tafel Schokolade. Die haben Sie sich ehrlich verdient! Falls nicht, lehnen Sie sich nochmal zurück, lesen dieses Kapitel und legen dann los.

Es gibt immer Situationen im Alltag, die sich unbemerkt eingeschlichen haben und nicht so laufen, wie sie sollen. Wenn Max nicht ins Auto will, dann hat das nicht unbedingt damit zu tun dass er das »Hier!« nicht kennt. Womöglich hat er nur viel schneller gelernt, dass um diese Uhrzeit, in dieser Entfernung zum Auto, mit diesem Verhalten seiner Leute es erfolgreicher ist, zehn Meter Abstand zu halten, weil man dann eben noch ne Prise schnüffeln kann.

Das Training des Zurückkommens spielt hier keine Rolle. Es handelt sich um eine ganz eigene individuelle Situation, die auch so gelöst werden muss. Deshalb gilt: Managen Sie Ihren Alltag sorgfältig! Wenn Ihr Hund immer morgens, wenn er ins Auto muss, nicht kommt, sich im Garten versteckt und nur mit Leckerchen ins Auto gelockt werden kann, sollten Sie sofort genau an dieser Situation etwas ändern. Ihr Hund bekommt eine Hausleine dran, darf vor dem Losfahren nicht mehr ohne Sie in den Garten und Sie gehen fünf Minuten früher los, um den Hund »ins Auto zu trainieren«, statt zu locken.

Wenn Lotte immer kurz vor Ende des Spaziergangs großen Abstand zu Ihnen hält und Sie keine Chance mehr haben, an Sie ranzukommen, wird sie schon fünf Minuten früher angeleint und dann das Kommen am Auto geübt. Oder Sie gestalten das Zum-Auto-Gehen als besonders interessant, durch Rennspiele, Bei-Fuß-Geh-Übungen, den Leckerbissen des Tages am Auto und ähnliche Dinge.

Durchbrechen Sie Gewohnheiten – sowohl Ihre, wie beschrieben, als auch die des Hundes. Wenn der Hund immer an derselben Stelle stehenbleibt und ohne Locken nicht weiterzubewegen ist, lassen Sie ihn doch einfach mal »Sitz!« machen und rufen erneut. Oder geben Sie ein anderes Signal, das er gern ausführt. Informieren Sie ihn über anstehende Belohnung, die er bei Ihnen abholen kann. Verhaltensmuster halten sich oft sehr hartnäckig und sind am einfachsten zu lösen, indem man sie umgeht und damit gar nicht erst auftreten lässt. Gehen Sie woanders hin, laufen Sie nach dem Spaziergang erstmal am Auto vorbei, greifen Sie Ihren Hund nicht, sondern lassen Sie ihn z. B. auf Signal zwischen Ihren Beinen stehen, um ihn anzuleinen.

Managen Sie, statt zu tricksen! Wenn Sie immer wieder versuchen Ihren Hund auszutricksen, indem Sie sich anschleichen und dann blitzschnell zupacken, haben Sie innerhalb kürzester Zeit einen Hund, der Sie nicht mehr an sich ranlässt. Umgehen Sie solche Verhaltensweisen also und üben Sie immer und immer wieder. Es gibt viele Möglichkeiten, den Alltag sehr viel stressfreier zu bewältigen und dabei das Kommen zu trainieren. Machen Sie Ihren Kopf frei dafür!

Tipp am Rande:

Führen Sie ein Trainingstagebuch für ganz spezielle Situationen. Tragen Sie hier Ziel und Zwischenschritte und vor allem die Erfolge ein, um zu sehen, ob Ihr Vorgehen richtig läuft.

Machen Sie es sich nicht zu schwer. Manche Dinge lassen sich auch einfach mit Management lösen.

Jake lässt sich aus unbekannten Gründen nicht durch das Tor rufen, wenn er mehr als 10 Meter entfernt ist.

Also lasse ich ihn sich hinlegen und bleiben auf Entfernung ...

... werfe ein Leckerchen ins hohe Gras, lasse ihn noch etwas warten, um die Spannung zu erhöhen ...

... und schicke ihn dann suchen. Das macht er sehr gern und er kommt immer öfter in dieser Situation ohne dieses Ritual.

Training ist Alltag oder Alltag ist Training   Wenn Sie ein guter Trainer sind und erfolgreich arbeiten, dann haben Sie bald einen Hund, der schnell schaltet, wann es sich um eine Trainingssituation handelt und was er wann tun muss. Er hat gelernt, was in den alltäglichen Situationen zu tun ist. Und das ist super so!! Unerwartete Situationen sind häufig dennoch ein großes Problem und oftmals unterscheiden sich hier die guten von den sehr guten Trainern und die schlauen Hunde von den sehr schlauen. Die schalten nämlich schnell und wissen, dass das Reh dort hinten kein von Frauchen bestelltes Ablenkungsreh ist und vier Beine am Hund schneller sind als zwei Beine am Menschen. Wenn Ihr Hund also im Training gut reagiert, in unerwarteten Situationen im Alltag aber nicht zurückgerufen werden kann, dann müssen Sie eben den Alltag zum Training machen.

Überlegen Sie, woran Ihr Hund merkt, dass es sich um Training handelt?

Trainieren Sie immer am selben Ort? Dann beginnen Sie, Ihr Training an vielen verschiedenen Orten aufzubauen. Während des Spaziergangs, vor der Haustür, im Urlaub, kurz nach dem Aussteigen aus dem Auto usw.

Üben Sie immer zum selben Zeitpunkt? Ändern Sie diesen. Nehmen Sie sich auch mal 5 Minuten Zeit vor dem

Abendessen, üben Sie gleich zu Beginn des Spaziergangs oder am Ende usw.

Weiß Ihr Hund, dass trainiert wird, weil Sie dann entsprechend ausgerüstet sind? Nehmen Sie Futterbeutel, Clicker und alles weitere möglichst immer mit , ohne zu üben. Zumindest solange bis Sie viele der Hilfsmittel nicht mehr benötigen. Ihr Hund verliert dann seine ständige Erwartungshaltung und kann auch mal mit Training überrascht werden.

Klingen Ihre Signale ruhig, sicher und klar während des Trainings, wohingegen Sie im Alltag panisch werden? Trainieren Sie sich selbst, indem Sie eine Hilfsperson mitnehmen, die die Ablenkung während des Spaziergangs stellt. Beginnen Sie damit, dass Sie die Hilfsperson sehen und wissen, dass der Hase, der Ball o.ä. gleich kommen wird und Sie rufen müssen. Funktioniert das gut, lassen Sie die Hilfsperson hinter sich gehen und den Ball/ Tannenzapfen etc. vorbeirollen, ohne, dass Sie wissen, wann er kommt. Können Sie auch jetzt Ihre Signale vernünftig formulieren, lassen Sie die Hilfsperson den rasenden Hasen irgendwo auf Ihrem Weg ohne Ihr Wissen lossausen. Sie lernen so, auf Überraschungen vernünftig und richtig zu reagieren. Und wenn tatsächlich statt der erwarteten Ablenkung durch die Hilfsperson dann zufällig ein echtes Kaninchen auftaucht, macht das weder für Sie noch für Ihren Hund einen Unterschied. Ihr Hund wird dann einfach der Meinung sein, dass Sie mal wieder eine entsprechende Ablenkung besorgt haben.

Hunde unterscheiden zwischen Training und Alltag nur, weil Sie sich anders verhalten und Situationen unerwartet kommen. Das können Sie trainieren!

Im Alltag hören viele Hunde oft gar nicht, obwohl Sie gut trainiert sind. Es fehlen einfach Übungsschritte zur Perfektion.

Gibt es ganz spezielle Gründe für das »Nichtkommen« Ihres Hundes, wenn er beispielsweise ein Jäger ist, gelten letztendlich dieselben Regeln. Hier empfehlen sich aber andere Bücher, wie bspw. das »Antijagdtraining«, die genau auf dieses Problem zugeschnitten sind und Ihnen da noch mehr helfen können.

10.
Darum!

Nun haben Sie das Buch zu Ende gelesen und denken: »Hab' ich ja alles schon gemacht, das ist für mich (fast) nichts Neues, es klappt aber bei meinem Hund trotzdem nicht!«?

Lernen dauert Zeit, und Zeit beeinflusst Lernen. Es reicht bei weitem nicht aus, wenn Sie die Übungen wenige Male machen und denken, dass es dann klappt.

Sie sollten von Anfang an jede Übung so oft wiederholen, bis Sie wirklich merken, dass der Hund die Übung nun kennt. Und vor allem so oft, dass der Hund gar nicht mehr mitbekommt, was er tut, sondern einfach reagiert. Natürlich bitte nicht an einem Stück, sondern über Tage oder Wochen hinweg. Nehmen Sie sich für jede Übung ruhig 2–3 Wochen Zeit, um sie immer wieder, in verschiedenen Gegenden und vor allem in unterschiedlichen Situationen neu aufzubauen. Achten Sie darauf, dass die nächste Anforderung erst dann dazukommen kann, wenn der vorherige Schritt problemlos (!) klappt. Je sorgfältiger Sie vorgehen, je sauberer Sie das Training aufbauen, desto sicherer und besser wird das erwünschte Verhalten abrufbar sein. Nehmen Sie sich Zeit! Überlegen Sie mal, wie Lernen auf der physiologischen Seite funktioniert:

Es müssen Nervenverbindungen wachsen, neue Trampelpfade im Gehirn eingeschlagen werden. Wachstum dauert. Ein Hund braucht mindestens ein Jahr, um so groß zu werden, wie er werden kann. Damit eine Information im Langzeitgedächtnis landet und von dort immer und überall abrufbar ist, dauert es Wochen bis Monate. Und sie landet dort wirklich nur, wenn diese Zeit auch zum Üben genutzt wird und dieses Üben für den Hund so interessant und wichtig ist, dass es sich für ihn lohnt, seine Aufmerksamkeit darauf zu richten.

Die Voraussetzungen, um schnell und optimal zum Ziel zu kommen sind interessante Übungen, Freude an der Arbeit und Wiederholungen.

Ja, man ist Mensch und Menschen sind ungeduldig. Der Hund macht etwas mehrere Male und man denkt und hofft, dass es nun klar ist. In der Regel ist es das jedoch leider nicht. Erst wenn Sie zu 95 % sicher sein können, dass Ihr Hund kommen wird, wenn Sie ihn rufen, sind Sie einen Schritt weiter. Dafür kann der Hund nichts und Sie auch nicht. Das ist Natur, das ist Lernen, das ist Physik und was sonst noch alles damit zu tun hat, dass Lernen Zeit benötigt. Also nehmen Sie sich diese, damit Sie dann mehr davon haben! Viel Erfolg, auf ein gutes Lernen und Kommen Ihres Hundes. Zu Ihnen natürlich!

Grundlagen für ein erfolgreiches Komm-Zurück-Training

1. Wenn Sie wollen, dass Ihr Hund kommen soll, wenn Sie rufen, muss Ihre Gegenwart grundsätzlich positiv und vertrauensvoll für Ihren Hund sein. Hunde, die Ärger von Ihnen befürchten, wären dumm, wenn Sie sich diesen abholen kommen würden.

2. Ihr Hund sollte immer der Meinung sein, dass ER/SIE sich selbst entschieden hat, zu kommen. Heranziehen an der Leine oder gar am Halsband bzw. Geschirr lehrt ihn/sie nur, dass Sie sauer sind und er wird ohne Leine Abstand halten.

3. Hat er eine andere Meinung zum Herkommen als Sie, zeigen Sie ihm, dass das gar nicht sein kann, indem Sie ihm nur die Option offen lassen, selbst zu kommen. Verhindern Sie Selbstbelohnung.

4. Bauen Sie das Superkomm sauber auf. Es funktioniert bei jedem Hund.

5. Gewalt verursacht Angst und Gewalt, Zug verursacht Gegenzug. Denken Sie stets über Ihre genauen Ziele nach.

6. »Hündisch« ist eine Sprache, die jeder Hundehalter lernen muss, wenn er einen fremdsprachigen Freund in sein

Leben integriert. Körperliche Direktheit, Starrheit und Vornüberbeugen werden oft als bedrohlich übersetzt. Achten Sie auf Ihren Körper beim der Kommunikation mit Ihrem Hund.

7. Greifen Sie Ihren Hund an der Seite statt von oben!

8. Hunde sind Raubtiere. Es liegt in unserem Interesse, diese zu kontrollieren. Raubtiere kann man nicht unendlich gegen Ihren Willen kontrollieren. Einer wird daran auf lange Sicht Schaden nehmen.

9. Hunde lernen wie kleine Kinder. Bleiben Sie fair, genau und konsequent.

10. Seien Sie offen für Neues und tolerant für Anderes, aber immer klug genug, Schlechtes auszusortieren. Und:

Glauben Sie an sich selbst!

Weitere Bücher im MenschHund! Verlag:

Ein Buch für alle, deren Hunde unkontrolliert jagen gehen.
Gröning, Pia und Ullrich, Ariane
»Antijagdtraining – Wie man Hunde vom Jagen abhält«
ISBN: 978-3-9810821-2-8
Zossen, 2005
22,90 Euro
/ 54,90 Euro (inkl. DVD)

Jetzt auch als E-Book!!!
Satire zum Unter-den-Tisch-Lachen für Hundeliebhaber und solche, die es noch werden wollen.
Wolf, Elke
»Ramses. 60kg Glück und Chaos«
ISBN: 3-9810821-1-7
Zossen 2006
12,90 Euro

Das AJT-Buch als Film. Die Übungen zum AJT Buch lebensnah gezeigt.
Dauer ca. 125 Minuten.
Gröning, Pia
ISBN: 978-3-9810821-6-6
AJT DVD | Preis: 39,95

Give away mit einem Auftrag: Nehmt Rücksicht!
Krockauer, Michael
»Jakob, Eddi und die Hundehaufen«
ISBN: 3-9810821-3-3
Zossen, 2006
0,85 Euro

Selbstbeherrschung verstehen und trainieren.
Ullrich, Ariane
»Impulskontrolle«
ISBN: 978-3-9810821-7-3
Zossen 2011
24,90 Euro

Neu überarbeitet!! 2013
Spritzig frischer Leitfaden.
Ullrich, Ariane
»MenschHund! ... warum ziehst du nur so an der Leine«
ISBN: 978-3-9810821-0-4
Zossen, 2004
12,90 Euro

Praktischer Ratgeber für Halter blinder Hunde.
Egger, Corinne und Illi, Romy
»Siehst du es? Leben mit einem blinden Hund«
ISBN: 978-3-9810821-9-7
Zossen 2012
19,90 Euro

Neuauflage!
Ausführliche Aufarbeitung des Themas.
Zimmermann, Beate
»Schilddrüse und Verhalten«
ISBN: 978-39810821-5-9
Zossen 2007
29,90 Euro

NEU im Juni 2013:
»Der Tierschutzhund« von Pia Gröning

Fast alle im Buch aufgeführten Hilfsmittel und Trainingsmittel finden Sie im Onlineshop.

Die richtige Hundeschule finden Sie hier:

www.hundeschule.de

(Berufsverband der HundeerzieherInnen und VerhaltensberaterInnen e.V.)